职得

成为自己故事里的英雄

Be the Hero of Your Story

高琳 著

中国致公出版社
China Zhigong Press

图书在版编目（CIP）数据

职得 / 高琳著．—北京：中国致公出版社，2016（2020.4 重印）

ISBN 978-7-5145-0992-2

Ⅰ．①职… Ⅱ．①高… Ⅲ．①成功心理　通俗读物
Ⅳ．① B848.4-49

中国版本图书馆 CIP 数据核字（2016）第 234391 号

职得

高琳 著

责任编辑：董拯民　何江鸿
责任印刷：岳　珍

出版发行：中国致公出版社
地　　址：北京市朝阳区八里庄西里 100 号住邦 2000 商务中心 1 号楼西区 21层
邮　　编：100025
电　　话：010-66121708（发行部）
经　　销：全国新华书店
印　　刷：天津盛辉印刷有限公司
开　　本：787mm×1092mm　1/16
印　　张：19
字　　数：200 千字
版　　次：2016 年 11 月第 1 版　　2020年 4月第 2 次印刷

定　　价：39.80 元

目录
Contents

写在前面：如何在这本书里找到属于自己的答案

吸收有用的，摈弃没用的，增加唯你所用的。——李小龙

Absorb what is useful, reject what is useless, add what is specifically your own. – Bruce Lee

翻开这本书的时候，作为读者你可能在想：这是不是又是一本成功学的鸡汤？领导力教练是什么玩意儿？成为自己故事里的英雄又是什么意思？虽说 90% 的职场人都迷茫，但每个人迷茫的原因都不一样，所以怎么才能在一本书里找到属于自己的答案是个难题。我想如果先了解一下这本书的主要思路和方法论，可以让你的收获最大化。

1. 什么是教练？

企业教练（Coaching）在西方发达国家经过多年的实践发展，已成为最有效的管理技术之一。很多 CEO 和企业高管都有自己的教练。而在中国，教练还是一个新兴的行业。比尔 · 盖茨曾在一次 TED 的演讲里讲到：每个人都需要一个教练。这本书就是你的教练。

可什么是教练呢？是健身教练？是为你疗伤的心理咨询师？还是助你成长的职场导师？都不是！真正的教练可以帮助人们深入地认识到自己的思维和行为模式，并靠强有力的提问帮助被教练者进行反思，挖掘自身潜

力，激发他们找到属于自己的答案。这就是教练，他 / 她给你带来的不是答案，因为很多时候答案就在我们潜意识里，只是我们看不见。

作为教练，我相信成长比成功更重要。成长是内在的，成功却经常是外在的；成长关乎自己给自己的评价，成功却关乎于他人的评价；成长是过程，成功可以是一种结果。所以我们不需要临摹他人的人生，也无法复制他人的成功。马云曾经天天去西湖边找老外练英语，但如果你也天天去西湖转，未必就会达到他的英语水平。这也就是为什么成功学的书看完了会有心动却难有行动，即使有行动也难以有成果，最后反而让自己更加自惭形秽。其实每个人的成功都有其偶然性，每个人的成长路径也都不一样，如果不能把个人的经历提炼总结成一套相对具有普遍性的方法论，就不能真正对别人有帮助。而且在我看来不能帮到别人的分享都是臭显摆！所以尽管这本书里有些是我个人的经历，但我不过是用它来作为案例引出相应的方法论。

干货固然有用，但不能激励到别人的干货也会噎死人，所以《职得》这本书则更像一碗泡在鸡汤里的干货。作为一名专业培训师和教练，我会讲一些职场故事，分享一些职场心得，然后基于对相关话题的文献研究，总结出一个道理或者介绍一个工具，最后再提出几个自我教练的问题帮你进行自我反思、自我调整，最终实现自我成长。在这个过程中我会在导师、培训师和教练几个角色中游走，为你拆解职场成长与个人幸福的“道”和“术”。

2. 如何把书中的道理变成自己的答案，成为自己故事里的英雄？

以前我总认为只有一个不平凡的人做了不平凡的事情才能称之为英雄。后来我才逐渐明白，真正的英雄是像你我这样的凡人做出不平凡的改变。因为改变是如此之难，尤其是当我们陷入了舒适区。为什么道理都知道，但就是做不到真正的改变呢？相信这也是很多读者的困惑。在这本书里我尝试通过学习和改变的逻辑层次来帮助大家看到做不到背后的原因以及如何才能找到属于自己的答案。

学习和改变的逻辑层次最早由人类学家格雷戈里·贝特森（Gregory Bateson）提出，后由心理学家罗伯特·迪尔茨（Robert Dilts）进一步提炼和总结出一套适用于个人变革和学习的模型。作为教练，这个模型非常有效地帮我透过客户的外在行为，看到问题的内在本质。

我们每天面对的问题通常都是最底层的问题。比如我是否应该死守北上广（哪里）？什么时候才能升职加薪（何时）？但是光在这个层次打转转是没有用的，因为这些问题都是由外部环境不同因人而异的。我们需要往更高层次看。这本书的干货部分就是探讨究竟需要做什么（行为），用什么样的方法去做（能力），才能实现真正的改变——无论是更好的工作成绩，更多的认可，更顺畅的沟通，更有效的职场圈子等等。

但是光有方法就够了吗？如果真是这样，为什么说世上最远的距离是从知道到做到？没有学习教练以前，作为培训师，我也会常常觉得力不从心。明明给出了这么多好方法，大家也很认可，可为什么还是看不到实质性的改变呢？要知道我的学员们并不是职场“菜鸟”，而是世界500强的

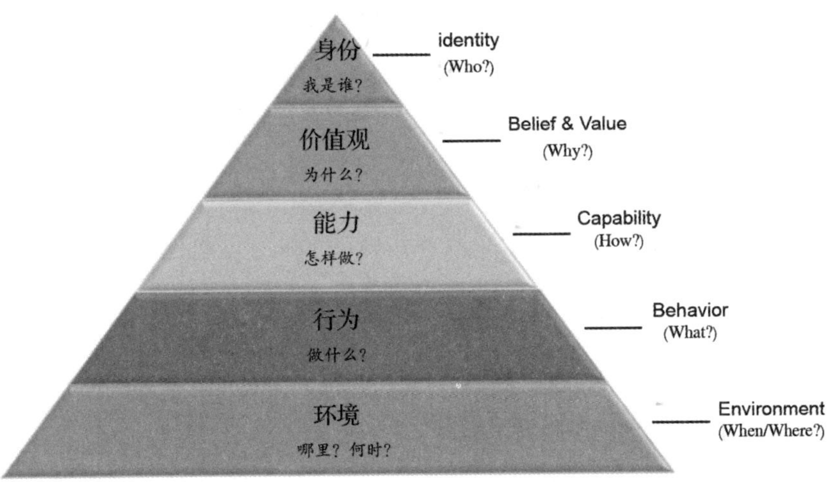

优秀员工，但就连开大会当着很多人举手发言这种事都为难得不行。这时候无论我给再多的干货也没用，而是必须从教练的角度来看看行为背后的价值观了 (Why)。做这些事情对你来讲意义如何？做出改变所需的内在和外在动机又是什么？这些行为背后的价值观又是什么？当面对更棘手的问题，比如职业规划、转型、寻求工作和生活的平衡时，就不得不往更深层次去探索：你的人生愿景是什么？你究竟想要成为一个什么样的人？所有这些问题的答案都在你自己手里，而教练仅仅是陪伴你找到属于自己的答案。

既然我管这本书叫“泡在鸡汤里的干货”，那就意味着大家可以各取所需，想喝汤的喝汤，想吃干货的吃干货。当然了，老话讲原汤化原食，所以我还是建议你两样一起吃，尤其不要跳过那些自我教练问题和练习。教练和心理治疗师的最大区别就是教练是面向未来并且以成果为导向。这些精心设计的教练问题会让你思考一些以前从来没想过的问题，而正是这些思考让我们开窍。因为如果没有反思就不可能有行为上的改变，更不可能实现自我成长。

3. 这本书是写给谁看的？

我刚开始写这本书的时候，编辑很担心我把它写高了，受众太窄。我确实是想写给那些有一定工作经历甚至小有成就的职场白领。但是写完以后，当我和一些初入职场的年轻人交流书中的一些观点时，发现他们非但没有不理解，反而感到非常受用。确实，虽然他们也许还没有遇到书中提到的很多问题，但我相信如果能把书里的“How”吃透了，至少可以少走5年弯路。

而对于那些处于职业发展瓶颈期的人，想再上一个台阶又缺乏继续自我提升的方法和勇气，同时又纠结于工作和生活的平衡，如果能用逻辑层次来进行思维上的分层整理，则可以更加容易地找到解决问题的方法和突破点。

所以，无论你处于职业发展哪个阶段，相信你都能从这本书里找到属于你的答案，走出迷茫，成为自己故事里的英雄！

记得国学大师钱穆先生说过，一本书之所以有价值是因为文字背后是作者的生命在支撑它。在这本书里，我将自己的观点毫无保留地呈现出来，虽然不一定都对也肯定不全面，但透过我粗浅的理解和朴实的文笔，希望你们能看到我真诚的发心。

一本书到了读者的手里，就有了它自己的生命，干货也好，鸡汤也好，你来决定它的价值。

CEO 和互联网大咖们都怎么说这本书

沈博阳：
领英中国区总裁

《职得》这本书很好地诠释了在社交时代背景下人脉关系的重要性，人脉等同于资源，而职场社交平台恰好就集结了众多人脉资源。对于职场人而言，只有提升其人脉关系网的价值才能获得更多的职业发展机会，这恰巧也是职场人经营人脉社交关系网活跃于职场社交平台的真谛之所在。作者通过自己的真实经历所总结出的宝贵的职场箴言便犹如明灯一般，指引新一代职场人前进的方向。

高瑞彬：
澳洲电讯大中华区
首席执行官

初识高琳还是十几年前我在摩托罗拉公司担任中国总裁的时候，工作中接触到很多在外企拼搏的年轻人。高琳给我的印象最深的一点，就是在工作中善于思考，善用脑子（intellectually diligent）而不仅是勤卖力气（physically diligent）。她还积极参与国际演讲俱乐部（Toastmasters）提高沟通和领导能力，以及丽人商会推动女性员工的职业发展。

时隔多年再次相遇，作为中国美国商会史上第一位中国籍女性副主席的高琳，正在美商会的妇女领导力演讲台上谈笑风生，情动四座。果不其然，善于深入思考和总结的人，在事业上的运气总是特别好。

今天高琳把她多年在实践中积累的关于沟通、领导力和影响力的思考所得集结成书与大家分享。这些颇具国际视野的经验，既中肯实用，又充满思辨色彩，难得的是语言还生动、诙谐有趣。她自称书中所讲都是“泡在鸡汤里的干货”。相信各位读到此书的职场中人，无论初入职场还是面临职业发展瓶颈，都必将深受裨益，有所启发。

“高琳在跨国公司和国内外工作积累的多年经验与思考对于职场的所有人都会有所启发。她将在跨文化背景、多维度组织架构，和同时有两位以上领导的工作环境中的特点、挑战及处事方法阐述得淋漓尽致，并通过亲身体会将长期的实践经历总结和提升到新的高度。书中语言生动、内容充实的案例，以饱满的正能量冲击读者。相信努力上进和追求发展的职场人会从本书中获益良多！”

蒋浩：
摩托罗拉系统公司，
中国区总裁

高琳身上有一种稀缺而神奇的能力，她靠实力来领导、充满自信，而且在生活中总是能用她闪亮的个性激励我们所有人。值得庆幸的是，她有激情也有智慧将这种实用、接地气、温暖且有力量的领导力指南赋予生命，在坚持做自己的同时，逐步提升我们的社交能力、沟通能力、影响力和领导力。 在自我发现和自我成长的路上，我们每个人都有属于自己的个人旅程，而这本书是一本美妙的指南。事实上，对于那些想要不断反思、学习、贡献和成长的人来说，这是一本必读书！

Mark Duval：
特雷克斯中国区总裁

很多年轻人向我请教如何发展个人的领导力？我总是跟他们说：Do what you are! 非常高兴看到我所秉持的信念在这本书中，由 JA 十年志愿者高琳以她特有的融合东西方思想精粹的方式体现出来。读起来有种和北京大妞聊天的范儿。追求职业和自我成长的年轻人必读！

周保罗：
国际青年成就组织
（中国）董事长兼总裁

张小沛：
瓜子二手车直卖网，
前 Hulu 全球副总裁

"Be yourself, everyone else is taken" 这句话说起来容易，做起来难，尤其在职场上，需要不同寻常的勇气和坚持，才能展示真实的自己。但是我们别无选择！我理解领导力的一个核心元素就是做自己。我们要想成为一个出色的领导者，就必须坦诚做人做事，在展示自己擅长之处的同时，也不惧暴露自己脆弱和需要提升的一面。

徐旸：
陶氏化学大中华区
政府事务总经理

老板大部分情形下是没得挑的。如何与老板一起建设一段默契、共赢的职场关系，高琳说需要用上这些心计：积极、谦逊、忠诚、付出。如果胸中有阳光，人心就不会是地狱。

推荐序一：一本书，一个公益力量

亲爱的《职得》读者：

很荣幸有机会在此介绍一下我 11 年前在加拿大温哥华创办的一个慈善机构，简称 EGRC（Educating Girls of Rural China）。感谢作者高琳女士几年来对这个机构的支持。当她告诉我准备把本书的全部稿酬捐赠给 EGRC 时，我有的不仅仅是感动和谢意，同时想到的是将会有更多的中国西部农村的女孩得到接受高中和大学教育的机会。

“一个女人受了教育，她的后代也会受教育”是 EGRC 的理念。我希望通过您——《职得》的读者，能把这个重要的理念传播到更多，更广的人群中去。

1970 年，我跟随被下放的母亲从北京来到了甘肃省的陇西县。我被分配到县办的化肥厂，学医的母亲则背着药箱在陇西县的贫穷山沟里走村串户，给农民们送医送药。 她当时讲述的贫困状况，特别是女性所受到的待遇，给我留下了深深的印象。这也是我在 2005 年，在加拿大生活了 23 年后决定帮助甘肃省女孩受教育、受高等教育的原因。

2005 年，我没有什么钱，也没有大公司大老板的支持，通过加拿大的朋友们筹集到 3 万加元。我亲自带着钱来到甘肃，面试和选择了当年考上大学却没有钱上学的 27 名来自陇西和永登的女大学生。我自己也没想到凭着一个简单的想法，几分执着，至 2016 年已经有 698 名贫困女学生接受了资助，其中 327 名完成了大学学业，71 名完成了高中教育，更有两位通过我们的协助到加拿大完成硕士和博士学位的学习。我们资助学生的毕业率多年来保持着 100% 的良好记录。

现在我每年春天和暑假都到学生们的家乡去和学生们交流、座谈，了解她们的生活学习情况、她们的成功和遇到的挑战。 她们的成长经历常常使我回想起当年我的经历和挫折，这也是我们之间建立信任和爱的基础。近几年来，我资助过的大学毕业生们渐渐成熟了，她们逐渐义务承担了 EGRC 工作中的一部分，她们通过自己的经验来帮助学妹们，EGRC 也成了这几百个女孩的第二个大家庭。

近几年来，慈善成了国人们常常提到的话题，也是很多人想做的事。这个世界上可以做的好事太多了，需要帮助的人群也很多。11 年后的今天，如果要我重新选择一个慈善事业，我还会毫不犹豫地选择支持和帮助女性和女性教育。我坚信这是一个改变家庭、改变社会的最基础、最重要、最有效的方式。

再次感谢本书的每一位读者，感谢作者高琳女士给 EGRC 和西部贫困女学生的机会。我相信这本书很可能就是改变您职业生涯的那本宝书，也请您相信，通过您的购书，更多的女孩子将获得通过教育而改变命运的机会。

再次诚恳地感谢读者！

田青青

2016 年 8 月 22 日

于甘肃陇西

推荐序二：能让人消化吸收并身体力行的“干货”

认识高琳 11 年了。她是我的朋友圈里喜欢折腾、不断成长、成功跨界的为数不多的人之一。我在摩托罗拉公司负责亚太区市场的时候，她在摩托罗拉负责 IT，担任亚太区首席信息官，做得好好的却转去做了公司的全球政府事务。没多久我就听到她成功竞选中国美国商会董事并成为第一位中国籍女性副主席。身兼数职、热心公益的她还挤时间同时攻读了英国 Nottingham Trent University 的博士学位。想着她该“消停”一阵了吧，居然又辞职了，成立了为职场人士提供职场发展的专业培训公司，短短一年多的时间把公司做得风生水起，她自己也从跨国公司高管漂亮成功地转身成了高管教练！

去年高琳开通了微信公众号“有意思教练”，一直坚持原创分享发布关于职场成长的文章，我当然成了她的众多“粉丝”之一。她的文章不仅凝结了她本人 20 年跨国公司职业生涯的学习体会和成功经验，还涵盖了很多实际案例并提供了专业的问题分析和解决方法，是不折不扣的能让人消化吸收并身体力行的“干货”。这本《职得》就是“干货”的精华，能让更多的职场人学习到自我教练和自我成长的“秘笈”。

联想到我自己一转眼在世界 500 强公司也都工作 20 年了。作为从中国本土成长起来的职业经理人，一路跌跌撞撞起起伏伏地做到市值近 400 亿美金公司的亚太区市场和战略负责人，并在去年获得“亚洲最具影响力

CMO”的殊荣，所谓“成功”的背后其实是用心学习全心投入自我成长的过程。我很赞同高琳书中关于“成长”的观点：“成长比成功更重要。成长是内在的，成功却经常是外在的；成长关乎自己给自己的评价，成功却往往是他人的评价；成长是过程，成功可以是一种结果。”我们确实不需要临摹他人的人生，也不可能复制他人的成功。我们要做的就是争取今天比昨天的自己更有智慧，让今天的自己离明天自己想要成为的人更进一步。

今天的中国对所有人而言都有着前所未有的事业发展机会，在跨国公司里工作的中国员工和管理者们，有着前所未有的能影响整个公司全球发展的话语权。如何把握机遇让自己在职场上如鱼得水，做出一番成就实现自己的职业理想？我认为最重要的并不是碰到所谓能欣赏并提拔自己的职场贵人或者有问题就帮你找到答案的职场导师，而是自己了解自己已有的价值观和思维行为模式，找到新的正确思维和行为方法，并不断尝试，让自己成为有能力不断学习不断成长不断挖掘自身潜能的人。用高琳的话说就是：“做自己的教练，最终实现自我成长！”

在我带领和管理过的各国团队里，很多人都缺乏这种自我教练和自我成长的意识 (Mindset)，所以也谈不上有意识地去发展和提高自己的相关技能 (Skillset)，尤其是“软技能”。那些升职较快发展不错的员工往往并不是单纯的技能层面不错的人，而是首先有着不错的心态和意识的人。两者兼备的人总是更容易取得进步、做出成绩、达成目标。《职得》这本书就是帮助你在这两方面都成为你自己的教练。

初入职场的新人如何让自己在职场上少走弯路，成长得更快？已经取得一定成就的中层经理如何突破职业发展瓶颈？负责中国本土业务的高管如何让自己和团队的声音和意见被全球老板听到并采纳执行？人到中年还在外企里朝九晚九辛苦打拼的你如何实现工作生活的平衡？在“温水煮青蛙”式的工作环境里如何跳出来成功转型？《职得》一书不会给你所有的答案，但一定会让你深入思考、自我反思，让你看到自己的思维和行为的盲点，给你有效的工具和方法，帮助你找到基于内心便于行动的解决方案。

谢谢高琳博士的佳作，相信《职得》能给所有希望得到自我提升的职场人士带来自我成长的实用“秘笈”。

黄林

霍尼韦尔公司传感和生产力解决方案亚太区首席市场战略官

2016 年 CMO 亚洲协会“亚太区 Top 50 最佳女性领导人”

2016 年 9 月 3 日

于新加坡

自序：生命是一场盛宴，你是否准备盛装赴宴

生命要么是一场勇敢冒险，要不就什么都不是。——海伦·凯勒

Life is either a daring adventure or nothing at all. – Helen Keller

“生命是一场盛宴，而大多数人却活得像乞丐一样。”第一次看到这句话的时候就莫名觉得好心塞。可转念一想，我有吃有喝、有房有车、家庭美满、万事皆宜，心塞个哪门子呢？

那时候我在摩托罗拉系统公司做亚太区高级总监，负责公司政府事务，也算是在中美两国政府和公司之间搭建一座桥梁。我喜欢这个工作给我带来的眼界和视野。照理说混迹在这么一个非富即贵的圈子里，每月有比“大姨妈”还准时的工资，我应该非常非常的知足。可是，我心里还是非常的不踏实。每当我蠢蠢欲动的时候，我妈就说：“一个女孩子，有一个稳定的工作，你还图什么呀？”我觉得我妈真不愧是我党党员，她的维稳工作做得特别到家。

但是，稳定和踏实完全是两码事儿。稳定形容的是工作，踏实则是一种感受，有的时候越是稳定的工作却越让你不踏实。即使这份工作有很多我喜欢的成分在里面，即使被很多人称赞为工作、生活双丰收的人生赢家，我也从来没有感觉心里踏实过。

我的不踏实其实更多地来自于不甘心，难道我这一辈子就是要陪那些无聊的客户，听他们在吃饭的时候扯淡？生活中一定有比这个更有意义的事儿等着我，我觉得我应该像励志书里写的那样，放弃百万年薪，去追求我心中的梦想，我甚至觉得我都已经做好了飞蛾扑火的准备。

但是就有一个问题，我的火在哪儿呢？我的梦想到底是什么呀？

我一直认为梦想是上帝给我们每个人手里塞的那个小纸条。有的人从小就立志于当科学家，他手里就拿了一个写着“科学家”的小纸条；有的人从小就立志要当艺术家，他手里就拿了一个“艺术家”的小纸条。

可是，我觉得我手里拿的这张纸条糟糕透顶，它模糊不清，我半天都看不明白到底写的是什么。我一直在想：上帝啊，你写这张纸条的时候是手哆嗦了，还是笔没水了？

最可气的是就连我儿子都有一个小纸条！他从小就特别喜欢动物，可以背下来很多动物知识，他知道在非洲幸存多少只狮子，甚至能精确到每一个国家。七岁的时候他就写了一篇文章，说他长大以后要建立一个动物保护机构，叫 Animal Rescue Club（动物保护俱乐部）。其实我心里一直为他有这么一个梦想而感到高兴，直到有一天我妈说：“你别老一天到晚撺掇你儿子去弄动物了，你也不想想等你老了以后，他在非洲跟老虎混在一起，在热带雨林跟狮子混在一起，谁来照顾你啊？”想到老态龙钟的我，缩在老人院的轮椅里面，每天眼巴巴地盼着儿子看完狮子再回来看我，这个画面想起来令我心里头就一揪，但是嘴上却跟我妈说：“妈，你想得真够远的，我没想那么多。再者说了，非洲根本就没有老虎，狮子也不住在热带雨林里！”跟着我儿子，我多少还是学了一些动物知识的。

说到非洲，我儿子有一个偶像叫珍妮·古道尔博士（Dr. Jane Goodall），她从小就非常喜欢动物，20 岁的时候她就只身去了非洲。为了研究黑猩猩，她在野外生活了 38 年。今年已经 80 岁了，她还每年 300 天在全世界飞来飞去，推广青少年的环保教育。有一天，在珍妮·古道尔基金会的一个午餐会上，我正好坐在她对面，就跟她讲了我儿子的事，而且也把我妈的担心讲给了她。其实是我的担心，但我就不想让她觉得我那么腐朽，所以就把我妈拉来当垫背的。

她听完了以后就跟我说："Go back, tell your mom to keep her thought to herself."（回去跟你妈说，让你妈把她的想法咽在自己的肚子里吧。）确实，像我这样没有梦想的人，根本就不配对我儿子的梦想说三道四。午餐会结束的时候珍妮·古道尔博士送给我儿子一张她签名的照片，上面写着：

Good luck. Follow your dream. Don't give up.

祝你好运！跟随你的梦想，永不放弃！

我回去就把这张照片送给了我儿子，他很开心。然后他问了我一个问题："妈妈，你的梦想是什么呀？"我一愣说："我不知道。"因为我小时候，上初中的时候，其实很想当记者，那个时候我在学校的学通社当记者，每天下课以后，我就拿着一个话筒去采访老师和同学，回来写稿子。可是现在想起来，我觉得那话筒应该是假的，因为那后面什么都没连着。后来高中的时候，我去了中国人民大学附中，我那时候一直想要学文，可是我妈说："学好数理化，走遍天下都不怕。当记者在中国有什么出路啊？只能喝西北风！"我记得我好像是哭了几天，最后也就从了，从那以后就没有梦想了。

我儿子听我说的时候坐在餐桌的另一头，小小的个子陷在儿童椅上正在吃意大利面，满嘴糊的都是红红的意大利面酱。他看着我，挥着手里的叉子，用无比坚定的语气说："妈妈，等你长大了，你想做什么就做什么，别管别人说什么！"

听到这句话，我的眼泪唰的一下就下来了。妈妈已经长大了，但还是不知道自己到底要做什么啊！而且更糟糕的是，我还是那么在乎别人说什么！我怎么就这么悲催，都还不如一个10岁小孩！可是为什么会这样子呢？我10岁的时候在做什么、想什么呢？难道我就真的从来没有梦想吗？

当然不是！

事情是这样的，我5岁就上了小学，而且多亏我高瞻远瞩的妈妈，又跳了一级，所以10岁的时候我已经上初中了，16岁就上了大学，24岁我已经在美国MBA毕业了。一路下来，我其实就是在老师和家长给的所有的选项中试图选择一个最好的。毕业以后，我像所有人一样，忙着成功。我也很幸运，在追逐成功的路上，我算是走在一条快行道上，甚至可以说我的整个人生都是一个被快进的人生，只是突然有一天，我醒来发现自己都不知道自己要快进到哪儿去了？

大家试想，如果你是在一趟快车上，试图想要看出来自己要去什么地方，几乎是不可能的。所以你只有两个选择，要不然就是慢下来，要不然就跳车。慢下来是不太可能的，因为人在江湖身不由己。所以我最后选择了退出江湖——跳车。我要跳下来，先看看，研究一下。因为梦想这个东西，其实它挺花时间的。

我决定辞职了以后，就跟我妈说："妈，你知道吗，以前有一个演三级片的演员说过：我要把自己脱下来的衣服，一件一件地给穿回去。"我妈听完以后上下打量了我一番说："你什么意思啊，你也要演三级片去？"我说我演谁看啊？我只是想要告诉你，我想把你帮我省的那两年的时间，一分钟一分钟地浪费回去。因为我知道，梦想不是名词，如果你仅仅把它当做一个名词的时候，它就是梦里想想那个东西而已。

梦想是一个动词，"To dream"，其实就包含着去尝试、去探索这个概念在那里头。但是各位，如果你们曾经做过任何的探险活动你们就知道，上路的时候一定要一身轻。如果你扛着一身的包袱，你扛着你的标签——你是做会计的、你是好学生、你是全职妈妈，当你带着这些沉重的标签上路的时候，你是走不远的。所以，你只能撕标签。我撕了，所以今天大家看到了这本书。

当我最终决定离开我非富即贵的圈子和比“大姨妈”还准时的工资的时候，我给经常一起做项目的美国使馆商务参赞发了封告别邮件。

她特别惊讶地回邮件说：“You do your job so well that I thought you must really love it!”我一看乐了，她说的这个正好是我曾经深陷已久的问题。如果我对现在的工作非常擅长而且也还算挺喜欢的话，那么是不是代表这就是我的人生梦想？我就不应该再惦记着别的什么了？

听起来很戏剧化，但帮我找到这个问题答案的那个人还是我儿子的偶像——珍妮·古道尔博士。回到那次午餐会，珍妮·古道尔博士说话很慢，当说到她为什么做环保的时候，她是这么说的：

“I am very blessed to have the talent to...”我非常感恩上天赋予了我一个……

我心里想：一个爱好动物的天赋？一个能和动物沟通的天赋？一个热爱科学的天赋？ 然而，她慢悠悠地吐出来的那个字着实让我懵了。The talent to communicate？沟通的天赋？怎么会是这个？我本以为她指的是和大猩猩的沟通，可她接下来说的却是她如何通过写书、演讲传播环保的理念，让更多的人尤其是下一代年轻人以更可持续的方式在地球上生存。

> “我非常感恩上天赋予了我一个沟通的天赋！”
>
> —珍妮·古道尔博士

所以，尽管在原始森林里对大猩猩的研究很有意义，尽管她已经成为这方面的专家，但是她人生的终极意义并不仅仅是研究大猩猩，所有这些都是为她今天传播环保理念做的准备和铺垫。

现在回想起来，那应该算是我人生灵光乍现、恍然大悟的一个时刻。我突然明白如果生命是一场盛宴，那我们拥有的技能仅仅是享受这场盛宴的刀叉而已，它既可以用来吃你眼前的那盘菜，也可以用来探索其他可能的美味佳肴。

没错儿，我那时候的确还挺喜欢自己的工作，也确实做得相当不错，否则也不可能像坐了火箭一样被连连提升。但仅仅因为我眼前这盘牛排很好吃，我也很会用刀叉，是不是就代表我得从头到尾一直吃这盘菜？我就不能去尝尝这场盛宴里还有什么其他的美食了吗？

我突然意识到，你不是你的刀叉，也不是你眼前的那盘菜。

当我意识到这点的时候，我发现自己一直以来像个傻子，眼前这盘牛排早已经吃顶了，我还在一直吃，一直吃，一边儿吃还一边安慰自己——有营养，多吃点儿，别人想吃还吃不着呢！

我们拥有的知识、技能和经验、可以让我们做很多事儿，就像刀叉可以用来切很多不同的美食。更何况，我不仅有刀叉，还有筷子呢！自从20年前去美国留学以后，我就几乎没有用中文写过什么东西，我早就忘了自己兜里还有一双筷子，除了写代码以外我也还可以码字！（是的，我也当过程序员！）我可以用英文写出10万字的博士论文，也可以写得出10万加的微信公众号；我可以在白宫和美国官员讨论贸易政策，也可以在大学和同学们探讨职业生涯……这不就是上帝塞在我手里的小纸条吗？

这让我想到了曾经听过的一个故事，说的是有一个乞丐，在路边坐了30多年。一天，一位陌生人经过。这位乞丐机械地举起手中的破帽子，喃喃地说："给点儿吧。"陌生人说："我没有任何东西可以给你。"然后他问："你坐着的是什么？"乞丐回答说："什么都没有，只是一个旧箱子而已，自从我有记忆以来，我就一直坐在它上面。"陌生人问："你曾经打开过箱子吗？""没有。"乞丐说，"有什么用，里面什么都没有。"陌生人坚持："打开箱子看一看。"乞丐这才试着打开箱子。这时，令人意想不到的事情发生了，乞丐充满了惊奇与狂喜，箱子里装满了金子。

生命的确是一场盛宴，而我不但是个乞丐，而且还是那个屁股下面坐着装满宝藏的箱子自己却丝毫没有察觉的乞丐。当我终于有勇气打开这个箱子，我发现这里到处都是宝贝：有 20 年财富 500 强工作积累的职场心得，有在东西方文化和中美两国政府之间游说的经验，有对女性工作和生活的平衡的彻心彻骨的理解。最主要的是，我走过来这一路非常幸运地得到了很多高人的指点。如果没有他们，我今天还不知道跟哪儿打酱油、自卑自怜呢！而这我完全可以把它们写出来分享给别人，尤其是给那些和我一样奋斗不息、纠结不止的职场女性，因为她们值得拥有！

我回信给那个美国使馆的参赞朋友说："是的，我喜欢我的工作，但我猜想生活中一定还有比这个更有意义的事儿等着我！我不知道那是什么，但我决定去探索！"

生命是一场盛宴，我已经准备好盛装赴宴！

你呢？

（本文改编于我在 TEDx Chaoyang women 一次线下活动中的演讲）

第一章　不做自己你还能做谁

一、做自己怎么就那么难

二、内心强大的“学渣”是如何炼成的

三、力量来自不同而非相同

一、做自己怎么就那么难

做自己，其他人的位子都已经被占了。——奥斯卡·王尔德（英国作家）

Be yourself, everyone else is already taken. - Oscar Wilde

前年我给儿子申请北京一所著名的国际学校，这所学校是出了名的牛气，从网上填申请表的时候我就看出来了。在家长职业的一栏，有三个例子分别是：Ambassador, Lawyer and Doctor。还能再牛气哄哄一点吗？哼，我一边填一边骂，我不是大使、律师、医生，我就一普通白领，难道还不配送孩子上你这儿了吗？

去学校参观那天，为了给招生办留下好的第一印象，我和老公穿得跟新娘新郎似的，恨不得比自己去面试还要重视。儿子则像是刘姥姥进了大观园，东摸摸西看看，对学校先进的设施咂舌不已。

招生办的美国小伙热情地给我们介绍着学校情况，经过学校的咖啡厅还问我们喝什么，算是招生办招待。闻着诱人的拿铁，我其实很想要一杯，但又不好意思，儿子倒是毫不客气地点了一个奶酪鸡蛋卷，边走边吃。

参观完体育馆又经过咖啡厅，儿子拉着我说还想再要一个鸡蛋卷。我冲他摆了摆手，心想鸡蛋卷咱们还是吃过的，别跟这儿现眼了。可是他毫无眼色，执意要吃，无论我如何冲他挤眼摆手，丝毫不接招儿。终于，我忍无可忍，拿出小孩没眼色时大人常用的杀手锏，在他的胳膊上轻轻地掐了一下，他噌地一下跳起来，恶狠狠地瞪了我一眼跑开了。

参观完学校回来，我们就正式提交了申请表。几天后，招生办打来电话说想请儿子去试听一天，体验一下。说得好听，什么试听啊，不就是想要面试吗？而且还是情景式面试一天。这学校可真够绝的！ 当然，我还不傻，没有跟儿子说是面试，只是说学校给了他一个特别的机会让他去体验一下。他倒是一点儿也不紧张。那天早上我提前一个半小时就出门了，心想说什么也不能迟到啊！一路上我安慰他说“Just be yourself！ But be your best self！ ”（就做自己就行了，但要做最好的自己！）到了学校，我把儿子交给老师，刚想再嘱咐嘱咐他，可他倒好，头也不回地就跟着老师走了。回到公司我一天都忐忑不安的，简直是看着表熬到下午三点半去接他的。

回家的路上，我迫不及待却又故作镇定地问他今天怎么样啊？他一如既往地自我感觉良好，滔滔不绝地向我描述他是如何被老师带到班上的，同学们又是如何做的自我介绍，而他又是如何介绍自己的：

“我是来自 3e 国际学校的疯狂小孩。为什么说我疯狂呢？ 因为我们学校二年级的同学老是唱那首《冰雪奇缘》的歌：“下雪吧，下雪吧。”真烦人！于是，我把它改成了：放屁吧，放屁吧！”

我的心随着他的“放屁吧，放屁吧”一点点往下沉，我甚至感到一阵眩晕。如果不是疾驰在京承高速上，我一定会把坐在后座的他给拎过来。我从牙缝里挤出来一句：“No, you did not！”他丝毫没有察觉到我的愤怒，还继续得意地说：“Yes, I did！ 我说完同学们都笑成一团。”

“那老师呢？”我问。

“老师也笑了。”他说。

可我却笑不出来了。我扳了扳反光镜，冲着镜子里的他咆哮到：“为什么？为什么你要说这个？”我心里那一百个悔啊！平时经常培训别人怎么做一个打动人的自我介绍、印象深的电梯演讲（elevator speech），而我儿子在如此重要的面试中的自我介绍竟然是“我是个疯狂的放屁小孩”。

看到反光镜里我狰狞的面孔，儿子终于明白我不是在夸他而是在骂他了，他委屈地回答：“你早上不是说要做自己吗？”

此时，我再也无法抑制自己了，我拍打着方向盘，大声地冲着反光镜里的他喊到：“但是，我说的是要做你最好的自己！”

儿子被我吓得往后缩了缩，小声带着哭腔地答道：“但那就是我最好的自己啊！”我愣在那儿，再也没说一句话。我突然意识到我说的做最好的自己实际上是“表现出自己最好的一面”，而他理解的做最好的自己才是真正的做自己。

对于成人来讲，做自己怎么就这么难呢？说好的不端不装呢？我陷入了沉思。

成人的世界里充满了“标准”，也许当我看到家长职业那一栏的大使、律师、医生，就已经认定那就是这个学校父母的“模板”了，并由此推断好学生的模板是什么样了。标准的好学生应该不是那个吃了一个免费鸡蛋卷，还想再要一个的家伙；更不会是个课堂上的小丑，把自己说成是个疯狂的放屁小孩。标准的好学生会一脸正气地谈他是如何爱学习的，就算谈谈自己有什么爱好，也算正常啊！

有了标准，我们的表现就会自觉不自觉地往模板上去靠，一旦如此，就已经失去自己了。比如小时候放学回家，父母每天都会问：“今天在学校表现得怎么样啊？”无论是上学，还是上班，几乎所有的奖励机制都是跟“表现”挂钩的，谁管你真正的自己什么样？就连英文的“performance”（表现）也是从“perform”（表演）衍生出来的，好像不表演就没有表现。以至于表演的太入戏了，我们也分不清哪个是真正的自己，哪个是表现出来的自己了。装蒜装太久，已经忘了自己其实是根葱。

而不装蒜的儿子，非但觉得做葱挺好的，还颇为自己的幽默感自豪。想到这儿，我突然觉得他一个10岁小孩第一次去一个上千人的学校，到一个陌生的班级，还把同学、老师都逗乐了，要说也是挺有勇气的。能做自己本身就是件有勇气的事儿。英文的“勇气”（Courage）来源于拉丁语的“cor”，意思是“心”。所以勇气的最初定义是真心告诉别人你是谁[①]。

我当然不会天真地认为这世界没有所谓的“标准”，但以我们有限的认知，我们所认为的标准，就真的是别人最看重的标准吗？难道幽默感不也是一种难得的特质吗？我们真实呈现出来的自己，就真的那么不能让人接受吗？难道那天他吃了第二个鸡蛋卷就真的会给招生办留下坏印象吗？一个好学生真的有个模板吗？那一个好的领导者有模板吗？

事实上，在过去60年里，领导力专家做了上千份研究，试图发现是不是有一种明确的领导力风格、特点或性格更容易成功。这些研究都没有产生一个明确的或所谓“理想”的领导者风格。不过也算是谢天谢地，因为如果学者们真的发现了有哪种特定的风格，人们将会一窝蜂地把它当作模板去效仿，而我们就会看到千篇一律的领导[②]。《真诚领导力》的作者比尔·乔治（Bill Gorge）在采访了125名企业领导者，听他们分享自己的人生体验、个人奋斗历程，以及过去的成功和失败之后做了上千页的访谈记录。最后发现在这些人身上，找不到任何共通的、让他们赖以成功的个性、特征、技能或者风格，只有一样是相同的，那就是他们都拥有真诚领导力（Authentic Leadership），说白了就是不装不端、能够做自己的力量。

---

① TED 演讲“The Power of Vulnerability”by Brené Brown

② “Authentic Leadership Rediscovered”by Bill George Nov.10, 2015

尽管在过去的十几年里，真诚领导力已成为领导力的金标准，但也有人质疑说什么做自己、真诚领导力啊，不就是给自己那些武断粗鲁、不考虑他人感受的行为和顽固拒绝改变的领导找借口吗？比尔 · 乔治用一句非常简练的话回答了这个问题，他说："真诚领导力是建立在品质（character）而不是风格（style）上的。风格仅仅是领导力的一个外在呈现而已。"①

这样想来儿子吃一个鸡蛋卷还是吃两个，跟品质没关系。搞笑的屁小孩也不过是他的风格而已。接下来的几个星期的等待反而没有那么难耐了。我寻思，如果这个学校不能接受我的屁小孩，那我们还不稀罕去呢。接到招生办录取通知的电话时我比自己想象的要平静，只记得老师说儿子那天很快就融入了班级，最后老师说"We like the way he is"（我们喜欢他那个样子）。

儿子爱上了新学校，每天都盼着去上学。他依旧不是"标准"的好学生，数学糟糕得一塌糊涂，以至于要被老师单独辅导，让我好没面子。但他依旧是那个疯狂的屁小孩，老师给他的期末评语里写到："他的幽默感总是能够感染到周围的人。"

而我依旧纠结于如何让他自由地做自己，但又能做个更好的自己。也许有一天，当我能真正做到做自己，一切就有答案了。我知道做自己很难，但我别无选择，不做自己做谁呢？其他人的位子都被别人占了啊！

自我教练问题：

1. 如果用 1–10 为自己打分，10 分为完全做到了做自己，你觉得你能得几分？这给你带来的感受是什么？

2. 回忆一下，有没有什么时刻你感到非常强烈的自信，甚至能听到自己内心的小声音在说"哇！这就是我！"在那一时刻，你

① "Authentic Leadership Rediscovered" by Bill George Nov.10, 2015

在做什么?

3. 如果你可以完全地做自己，你的生活会有什么样的不同?又会为你周围的人(同事、家人)带来什么样的不同?

二、内心强大的“学渣”是如何炼成的

幸福存在于接纳。——乔治·奥威尔(英国小说家、社会评论家)

Happiness can exist only in acceptance. – George Orwell

那天我问儿子：“为什么明天你考试，今天却看起来还像没事儿人一样?我小的时候，第二天要考试，头天都会觉得心里有块大石头压得慌。”儿子不屑地说：“那是因为你要考不好不是被家长骂就是被老师说。可是考试成绩并不能代表你这个人怎么样，就算是考得不好，也只能说明你那部分学得还不好而已。”我觉得他说的句句在理，就是听着哪儿别扭，想来想去终于明白哪不对劲了！这话应该是如果他没考好我用来安慰他的，怎么全被他自己提前说了呢。哎，儿子在成为一个内心强大的“学渣”路上已经越走越远了！

去年他刚转到新学校的时候，每天上学丢三落四，隔三岔五地还忘做作业，考试成绩自然一塌糊涂。老师建议他去 Learning Support Group，说得好听，在我看来其实就是给差生的辅导班，有专门的辅导老师针对每个孩子的不同情况帮助他们。

有这么个“学渣”儿子，我的面子真是丢尽了，心里阴影面积之大都

快无法计算了。但不管怎么样，我也得了解一下这差生辅导班到底是怎么回事？于是我和老师约了见面。

第一眼看到 Mr. Moniz 老师就吓我一跳，他耳朵上有个环状的大耳洞，胳膊上满是刺青。我坐下来小心翼翼地问他这个差生辅导班里的孩子都有什么样问题啊？

“问题？哦不，他们都没有问题，他们都是很好的孩子，只是有一些特殊的需求而已。比如有的孩子在专注方面有些挑战，有的孩子阅读有困难。”“或者像我儿子这样的，自我管理能力比较差。”别等人家说了，我自觉地补充道。

“对，但他们都是好孩子！”说到这些多动症、阅读障碍和缺乏自我管理能力的孩子们，Mr. Moniz 两眼放光，看得出来他是真心爱他们而不是礼貌性地敷衍。他阳光般的笑容照到我的心里，我感觉自己的心里阴影面积在逐渐缩小……直到……那个周末我回我妈家，她一听说儿子进了差生补习班，不悦地说：“你得多花点儿时间在你儿子身上，别老让他一天到晚跟你老公在一起。”

我很佩服我妈总是能有效地在瞬间就让我整个人都不好了。尽管她用心良好，但她短短的一句话就让我觉得我不是个 Okay 的妈妈，我儿子不是个 Okay 的孩子，我老公不是个 Okay 的男人。总之我们都不 Okay！

从我妈家回来，我看着儿子和老公各个都鼻子不是鼻子眼不是眼的。我气儿子不争气，我气老公辅导孩子学习不给力，更气自己平时对孩子不上心。我甚至开始气学校，什么破国际学校，看看美国人那可怜的数学水平，能教出来好学生吗！不行，我得给儿子找一个补习学校！

接下来的周末，我带着儿子来到某著名补习学校。一个穿着蹩脚西服的男老师接待我们。“这孩子有什么问题？”他上来就问。

“什么问题？”我有种想像爱迪生的妈妈一样的冲动，骄傲地拉着儿子离开学校。但我儿子不是爱迪生，我也没啥可骄傲的。

一个小时以后等我回去接他，我看见儿子两手抱头，七仰八叉地坐在椅子上，那个男老师缩头缩脑地坐在旁边。一看见我就开始向我告状说儿子以他看不懂试题为由都没做很多题。我觉得我应该骂儿子，但不知道为什么我一点儿也不想骂他，相反还觉得挺可笑的。一个 30 多岁知识渊博的老师还没有一个 11 岁不学无术的孩子气场强大，这到底是怎么回事儿？我想笑，又觉得自己不该笑。就这么拧巴着，我拉着儿子的手从补习学校出来了。我们再也没回去过。一个把学生看成问题的老师没法教一个内心强大的“学渣”，因为所谓内心强大就是根本不觉得自己有问题啊！

我为什么这么笃定，甚至敢拿自己孩子的未来当赌注？因为内心强大是一种持续的力量，而学习不好只是一种暂时的现象。

因为做教练给了我一个机会可以洞察到别人的内心世界，当从外往内看别人的时候，很多时候我也看到了自己的影子。

我的客户各个都是职场精英、成功人士，但他们都有一个共同的问题就是都觉得自己不 Okay！越成功的人越觉得自己不 Okay。可是从小到大，如果天天都被老师家长说不 Okay，长大了以后怎么可能觉得自己很 Okay 呢？无论多成功还是会觉得自己不 Okay 啊？难怪我们活得充满了匮乏感，总觉得自己还不够好，拥有的还不够多。

第一次看到埃里克森教练体系的五大原则之首“People are OK”（人们是没有问题的）时我有一种热泪盈眶的感动。我们需要先共情自己才能共情他人，我们需要接纳自己和自己的不完美，才能不把别人都看成问题。

每当我看到儿子清澈如水的眼睛、无忧无虑的笑容时，我知道作为一个孩子，他很 Okay. 他会在早上一起床跑到爸爸的被窝里跟他腻歪。看着他们父子俩在床上打闹成一团，我知道作为一个爸爸，我老公很 Okay.

他会在晚上跟我读着故事突然仰起头说“Mommy, 我知道我们班上哪个女生喜欢我”，然后我会饶有兴致地跟他翻班级相册看看那姑娘长啥样。

我知道作为一个妈妈，虽然我偶露狰狞，但总的来讲我也很 Okay。

我知道他是 Okay 的，我是 Okay 的，我们虽然都不是完美的，但都是 Okay 的。所以作为父母，我们能为孩子做的最好的事情就是不管发生什么，就算全世界都背冲着他，我们还是会面对着他，平心静气地告诉他："你是 Okay 的。"

能做到这个的父母、是拥有接纳力的父母，而这样的父母培养出来的孩子、也许不一定优秀但一定幸福。我的好朋友、著名教育专家、浩途父母俱乐部创始人海文颖在她的《接纳力——成就孩子一生幸福的妈妈情商课》里这样定义接纳力：一种能让自己持续扩大心胸容量，逐渐能不按某一种要求和条件去接受和理解一个人的能力。"

接纳不是纵容，我认为我儿子 Okay 并不是认为他所有的行为都 Okay，也不是认为他很棒。Okay 是个中性词，仅仅代表没有问题。我接纳的是他这个人和他本真的样子。我认为我自己也 Okay 并不是说我就没有应该提高和改进的地方，接纳自己就是接纳自己本真的样子，既不是特好，也不是特不好，就是足够好，好到值得拥有成功和幸福。而这就是为什么只有提高自己的接纳力才能拥有真正的幸福。

自我教练问题

1. 写下最少 3 个曾经我不接纳自己的地方[①]：

比如：我长得太黑了。

____

____

____

① 不可思议教练探宝地图 Paul Jeong，唯恒著。

2. 写下最少 3 个现在我开始接纳自己的地方：

比如：我的身材很棒！

____

____

____

三、力量来自不同而非相同

力量来自于不同而非相同。——斯蒂芬·科维（《高效能人士的七个习惯》作者）

Strength lies in differences,not similarities. – Stephen R. Covey

2002 年我还在芝加哥工作。一个普普通通的周一早上，我背着电脑包低头走进公司电梯。一双硕大的平底船鞋跃入我的眼帘，里面一双至少 42 号的大脚，我顺着脚往上看，两条粗壮的腿包在肉色的丝袜里，浓重的汗毛依稀可见，我继续往上看，黑色的铅笔裙（当然是个粗铅笔）、红色的毛衣，再往上看，一张抹着鲜红口红的嘴唇，金色的假发套下一张熟悉的脸。我倒退一步惊叫一声"Dan？"只见 Dan 一甩头，用粗粗的男声答道："No, Diana, call me Diana."（不，是戴安娜，叫我戴安娜！）

Dan 是我们公司做 ERP 项目请来的四大会计事务所的顾问，我只知道他请了两个星期假，也没问他干什么去了。没想到就这两个星期，Dan 变成了 Diana，他去做了变性手术。在接下来的几个星期，我都尽量避免往他坐的那边走动，我实在没法管那个一米八几的大男人叫 Diana。我连同性恋是怎么回事都没琢磨明白，更无法理解好好的男人不做，他吃饱了撑的变什么性?

咨询公司的流动性很强，过了几个星期 Dan/Diana 就走了，我再也没有见过他 / 她，终没得以问他那个问题为什么？还好我们公司多元化商会（Diversity Council）旗下有不同种族、性别、性取向自发组成的团体，比如女性商会、非裔商会、拉丁裔商会，还有同性恋、双性恋、跨性别族群商会（Lesbians, Gays, Bisexuals and Transgender）。老实讲，那是我第一次听说 LGBT 这个词，光听着这几个字母我都觉得……别扭。但我还是有点儿好奇，想去见识见识他们都是什么样的人。有一天正逢 LGBT 商会搞活动，办公室的一个姑娘抱着跟我一样的心态想去见识一下，回来以后我问她都是什么人啊。她很失望地告诉我，他们看上去都是和我们差不多的人啊。

2004 年我回到了中国，我再也没有在办公室里见过一个 LGBT 直到我换了一个新的美国老板。从看见她第一眼我就猜到她是个女同性恋，短短的头发，永远穿着裤子，但是仔细看她的脸非常清秀。可我也不能上来就问“呃，老板，你是同性恋吗？”这不是找死吗？我有意识地在聊天时避免问“你结婚了吗？有孩子吗？你老公做什么的？”这些私人问题，以免尴尬。有一次我们一起出差在飞机上聊起来她心爱的宠物，我看似随意地问了她一句“你出门这么久，谁帮你看你的狗啊？”她怔了一下答到“My partner”（我的伴侣）。我不知道她这算不算出柜，但我知道我猜对了。后来我们混熟了，也会像我们聊起自己老公老婆一样聊起她的伴侣，一切都那么自然。 她在工作中表现出的领导力、决策力赢得了我的尊重，也使她步步青云提拔到了副总裁。这一切如果是在一个没有多元化文化的公司里是无法想象的。

但我还是不知道为什么 Dan 要变成 Diana，直到有一年在财富论坛上遇到金星。那是个政界商界大佬云集的峰会，我没太明白主办方为什么会请金星，她讲的时候正好赶上我在会场外面忙活也没听到，就只听见会场里掌声雷动，大家出来以后都对她讲的赞不绝口。我决定去认识她一下，看看她到底有什么魅力让大家这么折服。在晚上的酒会上，我看到金星身着旗袍，手里摇着一把扇子，以舞者独有的姿态慢悠悠走进来。露背旗袍透着身材凹凸有致，浓妆之下还是能看出粗重的毛孔，旗袍的立领掩盖不住若隐若现的喉结。我心想这分明就是个男人裹在女人衣服里面嘛。我们聊了一会儿天，话题都是女人凑在一起那些事儿：护肤、衣服、孩子。尽管知道她结婚了也领养了孩子，但听她点着兰花指那么自然地说到“咱们这些当妈的就是爱操心”这句话的时候，我还是愣在那儿了。这分明就是个女人装在了男人的身体里啊！我和她看上去是如此不一样，然而内在里，作为女人，我们又是如此相像。她这样“假”的一个女人，却又如此真实地将自己坦坦荡荡地展示在人们面前，这不就是传说中的“真诚领导力”(Authentic Leadership)吗？难怪大家都喜欢她的发言。

那是我第一次思考什么才叫一个女人？是有女性的器官、会生儿育女才是女人吗？为什么大街上很多这样的女人却还不如金星更有女人味，更配称为女人？性别究竟是一种人的属性还是一种状态？金星分明就是女人的状态啊！上帝是不是跟她开了个玩笑？这个玩笑也开得大发了吧？在那一刻我好像有点儿明白为什么 Dan 要变成 Diana 了。

性学者李银河和她爱人“大侠”的故事在微信上传疯了，我转发了一条。我老妈回复了两个字“不懂”。我很想跟她说我也不懂。在这个世界上我们不懂的事儿太多了，但我们是不是对每一样我们不懂的事儿都可以妄加评判？我们又凭什么认为我们可以用自己的道德标准去说三道四？当我们唾弃别人的性取向为“不正常”的时候，有没有问过自己，谁赋予了你这样的权力？你有没有干过被别人称为“不正常”的事儿？你有没有不被别人理解，甚至被别人孤立的时候？

如果有，那对于我们不能理解的人和事儿，只要人家没碍你事儿，我们能否做到少评判？ 再进一步想，之所以很多时候我们做事畏手畏脚，不也是怕别人对我们说三道四？如果我们都能做到不妄自评判他人，是不是自己也可以活得更轻松些？

作为一个公司，所谓的多元化和包容性不是仅仅为了做到“政治正确”才贴出来的标语，而是真正能够为团队提供一个包容的环境，让任何人，不管他 / 她什么背景，都有公平的机会，确保他们的声音都被听到。

作为一个领导，你能否包容和你意见不一致的人、而不是事事都要以你的标准为准？ 你能否建立一个多元的团队，让男的女的、海龟土鳖、70后“90后”，协同合作？很多研究证明多元的团队不但有助吸引和留住最佳人才，还能刺激创新思维，促进新的问题解决方法。

作为一个员工，我们可不可以更加有意识地感受人与人之间的不同为我们所在的世界带来的精彩？ 即使我们不能理解或同意的时候，我们是否也能不加评判地给别人以选择的空间和自由并送上我们衷心的祝福？

前年，我的一个美国同事结婚了。我们全体团队为新婚燕尔的他送上祝福，祝他蜜月旅行愉快。他是在芝加哥同性恋婚姻合法化以后，众多登记结婚的一员。而在中国的同性恋就没有这么幸运了。根据李银河推算同性恋者在我国占到成年人口的 3% 至 4%（即约为 3600 万至 4800 万），然而这个群体的生存处境依然很艰难。每逢张国荣的祭日，无数人忙着刷屏他的时候，又有多少人真正关心过那些生活在恐惧和愧疚阴影之下的LGBT 群体？ 我的一个男性同性恋朋友和他的伴侣生活在一起已经 5 年了。可为了瞒着父母他们两个分别找了另外一对女同性恋，逢年过节就在双方父母家上演一场掩人耳目的大戏。他说“我最怕过节了！”。是啊，能不怕吗？这一到过节就是考验演技的时候啊！ 我曾经问过他，难道就没考虑过告诉父母？毕竟对于每个父母来讲，孩子的幸福才是他们的底线啊！他觉得他的父母也许会接受，但是他实在不忍心让他的父母这么大岁数还要抵抗来自外界的压力和风言风语。我能理解，但不知道怎么安慰他。我只是在心里默默地问自己“如果我儿子是同性恋，我会不会还爱他？”答案是当然！

我到底也还是不知道为什么 Dan 要变成 Diana，但我觉得如果我现在再看见她，不会再躲着了。我会大大方方地问候：“Hey, Diana, how are you ? ”因为我知道他从 Dan 到 Diana 是她的选择。过去、现在和将来你和我一样也会做出种种令别人不解的选择，我们不求别人理解但求不被评判。

尽管我们每个人是如此不同，但在不同的外表下，我们有着同样美丽的心灵。你不需要同意别人的选择，但要学会真诚地接纳和你不同的人。因为力量来自于不同而非相同，这个世界也因不同而精彩！

第二章　向上管理，向下认可

一、你还在等着被老板管吗

改变能改变的，接受不能改变的，远离不能接受的。——丹尼斯 · 威特利

Change the changeable, accept the unchangeable, remove youself from the unacceptable. – Denis Waltley

“摊上一个坏老板怎么办？”经常被年轻人问这个问题。可是就像幸福都是一样的，不幸却是各式各样的。好老板都是一样的，一位好的老板通常公平正直，不但能在工作中指导和支持你，还能激发鼓励你的潜能，更能让大家拧成一股劲儿朝共同的目标努力。这样的老板真是人见人爱、花见花开，可也是一遇难求的，但凡遇上都会被人铭记终身。

但“坏”老板的定义就难了，通常我们如果和一个老板搞不定，并不一定是那个老板人不好，而是你们之间不合拍或者关系不好。根据盖洛普公司 2015 年的一项调查，75% 的员工离职原因是：无法和自己的上司处好关系。很多人换的不是工作而是老板，而且像走马灯一样。但那些碰到坏老板的人不知道为什么运气那么差，总是一个坏老板接着一个坏老板，不管他换什么公司。难道这就跟赶上一个红灯，就一路红灯下去了那么倒霉吗？

先说说我碰到过的一个“坏”老板吧。

20 多年前，我大学刚毕业在外企的第一份工作是在 Rolls-Royce。说起这家公司大家都会想到名车劳斯莱斯，可其实我所在的部门是卖劳斯莱斯飞机发动机的，跟卖车的没一点关系。我的老板是办公室主任，挺漂亮的一个女的，一看就是英国老板的亲信，全办公室的人都惧她三分。上班第一天只见她扭着水蛇腰走过来，把一封信扔在我桌上说让我翻译一下。我打开信一看是关于经销车的，我虽初出茅庐却也不至于傻到没看出来这是封垃圾信件。我想她也许是故意刁难我给我个下马威，或者仅仅是想要考考我英语而已？按前者想我会义愤填膺，按后者想我会努力表现。我选择了后者。我的水蛇腰老板后来在我去美国念 MBA 的时候还写了很好的推荐信给我。

所以凡事都可以有两个版本的故事。作为你人生的编剧，你有选择，你可以选择把和你老板的故事编成“甄嬛传”，也可以选择把它编成励志片，全看你了。当初如果从一开始我就坚信她是故意刁难我，那我以后看她就没好气，也就不可能有融洽的关系。

你选择成为什么样的编剧，不但决定了你和你老板之间的关系，更决定了你在组织里的发展。你不但要负责编写你和老板之间的故事，你还需要“管理”他，否则就等着被“修理”吧！

“向上管理”（managing up）这个概念最早被当作一个领导力话题正式提出是在哈佛商业评论的一篇文章《管理你的老板》①。不幸的是，一个好的理论经常会被扭曲。很多人连什么是向上管理都没搞明白就开始为算计老板找理论依据，最后只能是搬起石头砸了自己的脚。而我们在 MBA 还有在工作中上了一堆的领导力课程，教的都是怎么管理下属，却很少想过要怎么管理老板甚至认为老板还轮得到员工来管。

---

① “Managing Your Boss” by John J. Gabarro and John P. Kotter, Harvard Business Review, 2005 Vol. 83 Iss.1 P.92-99

所以在谈如何“向上管理”之前，先看看作为下属，我们到底“管理”老板什么？管理的目的又是为什么呢？首先我得先分享两个坏消息。

坏消息 1：你可能没有你想象的那么出色

大多数员工认为自己能力很强，甚至比老板要强，所以每当升职的机会来临但结果又不是自己的时候，就认定自己怀才不遇，同时认定老板偏心眼、不公平。但事实上我们通常会过高估计自己的能力，曾经有人做过这样的调查，让员工判断自己是不是公司前 10% 的顶尖表现者，结果 90% 的员工都认为自己是。康奈尔大学的教授大卫 · 邓宁（Dr. David A. Dunning）通过对自己学生研究调查，发现“大多数没有能力的人并不知道自己没有能力”。如果他的研究结果成立的话，那么很有可能，你我都属于那些自认为自己很有能力但其实并非像我们想象的那么有能力的 90%。

更何况，工作能力只是一部分，你的能力所创造出的价值才更重要。就好像我们买东西不是买它的功能，我们买的是它能给我们提供的价值。工作也一样，如果你觉得你很能干，很出活，可是老板就是不买你的账的时候，那很有可能（1）你错误估计了自己的能力；（2）你错误衡量了你的工作给老板和公司带来的价值；（3）你的价值没有充分地表现或表达出来。

第一个问题可以靠主动向老板寻求反馈来解决，第二个问题证明你并不了解你老板的目标，所以才错误衡量了你的价值，最后一个问题则是这本书一直在探讨的问题，怎么才能让自己的价值得到充分的展现。而你的价值就体现在你所做的工作有没有支持到老板的目标。

坏消息 2：你可能没有你想象的那么了解你老板

你的价值体现在你所做的工作有没有支持到老板的目标。这些年在500强企业做培训的时候，我经常问学员一个选择题："你每天花多少时间了解老板的目标？"基本上50%的人会答"当我忙完我自己手头活儿的时候"。也有相当一部份学员选择"很少，只有上厕所的时候才想"或"从没想过"。更令我瞠目的是，当问到你知不知道你老板的老板的目标的时候，有一部分学员居然叫不上他老板的老板的名字，更何谈了解他的目标了。

为什么了解老板的目标这么重要呢？这就引出了下面的观点。

管理你和老板之间关系中最重要的一部分就是管理老板的期望值，你需要弄清老板认为你做得"好"或"不好"的那个标准到底是什么。老板对你的最低期望在你的职责说明里就能看到，而更高的期望就要靠你自己去挖掘去体会啦。

以前我有一个同事，还是个硅谷回来的"海归"，他并不是直接汇报给我的，而是汇报给我的印度同事。这个人业务能力没的说，但就是总也搞不定他的老板，然后就天天跑到我这儿来抱怨。有一天他把我说烦了，我就跟他说，无论你是做什么工作的，作为下属我们的职责就是要让老板成功！

他一听气炸了，骂了我一通腐朽愚忠之后绝尘而去。过了两年公司裁员，他就被印度老板给裁掉了。走的时候他来找我说："我现在想你说的是对的，我确实应该更好地管理我和老板之间的关系。"哎，可惜那个时候我还没学教练，我本可以用教练式的方式更好地引导他，让他体会到这一点，也不至于最后这个结果。

我当时跟他说的这句话"作为下属，我们的职责就是要让老板成功"看似媚俗，但背后的道理却是向上管理和组织管理的真谛。老板是联结你和组织的一个纽带。你和老板之间的关系（Relationship）并不是普通的关系，而是一种双方利益紧密相连的特殊合作关系（Partnership）。在这个合作的过程中，作为下属我们要为老板提供有效信息让他知道的更多，为他呈现问题的多种解决方案，并且帮助他做出最佳决策，所有这些工作都是为了帮助老板达到他的目标，而他的目标就是公司大目标的一个缩影。所以让你的上司成功就是让公司成功，也就是让你自己成功。大家都是一条线上拴的蚂蚱，这也就是为什么不做向上管理不但会毁了你自己的职场上升之路，更会给公司带来不可计量的损失。

需要指出的是，向上管理不是让你耍手段玩伎俩，更不是让你操纵老板，这之间质的区别在于发心。向上管理是为了大家好，操纵他人仅仅是为了达到自己的目的。尽管每个人都想要让事情朝利于你的那方面发展，但有效的向上管理最终一定是三赢（你、老板、公司）而不是就你赢。

在处理和老板的关系方面，下面三个原则可以参考：

1. 不要恭维（俗称拍马屁）而是要赞赏（Compliment）。

老板也是人，他也要被肯定。越是缺乏安全感的老板，越需要下属肯定，否则他一定会用其他方式让自己获得安全感和满足感。所以作为下属，要及时适度地肯定老板，但不要拍马屁而是要赞赏。这两者的区别是：拍马屁是针对人，赞赏是针对事儿。就像我们不该空洞地表扬孩子“宝贝你真棒！真聪明啊！”对老板的赞赏也要遵循 3S 原则即：Sincere（真诚），Specific（具体），Smart（智慧）。真诚和具体就不用解释了，智慧指的是要有眼力合时宜。

比如，如果老板刚做了一个业务汇报，虽然从呈现形式来讲没那么出彩，但从内容上来讲很有逻辑，那你就不要冲上去说“老板，英明啊！老板，您太会演讲啦！”这类假大空的话，而是说“嗯，我觉得您刚才讲的非常有逻辑很清晰。对我很有启发”。这就是一个真诚、具体且智慧的赞赏。

2. 不要试图做朋友而是保持友善的关系。

我们来上班不是为了交朋友来的，如果能碰到志同道合的朋友固然好，但指望和所有的同事老板都成为朋友，这就是不切实际的期望。很多人来不来就把老板当闺蜜掏心窝子，完全忘了他就算是跟你再熟再好，他也还是你老板，他对公司有责任。天天饭桌上跟老板称兄道弟，结果等老板吃完饭筷子一放、嘴上油一抹开始用工作的标准来严格要求你，让你有种背叛的感觉，只能说这个坑是你自己挖的。友谊和友善是两个意思，下属和老板关系的最高境界不是友谊（当然更不能是爱情），而是信任！和老板建立互信的关系才是向上管理的目标。

3. 你和老板不应是竞争关系而应是互补关系。

我以前有一个下属，是个英国老先生，人特别好，但是我们两个对细节的爱好程度真可谓一个天上一个地上。我属于那种只考虑大方向，懒得看细节的。他却属于那种每天早上起床都会为今天会有更多的细节等待他而欢呼的人。我的部门负责内部合规，有他这样的人在我的团队里，真是三生有幸啊！所以如果你觉得你在某方面比你老板还懂，那恭喜你因为这证明你和老板是一种互补。但这绝不能成为你不可一世的资本，你这么有本事，但别人是你老板，就证明你还有努力的空间。如果你真的觉得这个庙容不下你了，那你走就是了。

总结

传统的观念认为“管理”是至上而下的，对上司是要言听计从的。而“向上管理”并不是让你管理或者操纵你的老板，而是为了给公司、给老板及自己取得最好的结果而有意识地管理和上司的关系。上下级的关系无论对个人发展、团队绩效、组织稳定，甚至企业的核心竞争力，都有重要的影响。管理和老板的关系的责任永远都是在员工自己身上而不是老板身上，更不是人事部门的责任。

如果你认定自己的老板很烂，在你写下“世界很大，我想出去看看”之前，先问问自己：这是你第几个“烂”老板？一个人可能偶尔不走运摊上一个坏老板，但不可能老是你不走运，坏老板老是跟着你走吧？是不是你自己也需要检查一下自身的问题？

当然我们不排除有的老板可能确实属于比较变态，但如果说一个好的老板能为你带来职场的机遇，那么一个坏的老板给你带来的人生功课可能更有价值。最起码，如果有一天你当了老板，你知道不要做什么。

教练 Q&A：

1. **怎么才能了解到老板的目标呢？总不能上来就问：“老板，您的目标是什么啊？”**

   确实，问也要问得有水平才行。有两个办法可以借鉴。每个公司的文化不太一样，相比起来，外企的文化比较平等直接，国企和机关单位可能需要更间接一些。

   直接问：老板“我能为你做什么呢？”（What can I do for you？）或者“今天我怎么帮你呢？”（How can I help you today？）。每次把老板交代的事情都做完了，顺带再问一句：“我还能为你做什么呢？”（What else can I do for you？）

   间接问：比如看看公司内部刊物，关注自己部门的KPI、老板做的PPT。看看经理和高管发出的邮件或报告，旁听管理层大会和参加员工大会。这些看似和你无关的信息里其实有很多重要的信息。如果是上市公司还可以阅读公司的财务报表等等，甚至你可以问问老板您最近都看什么书啊？这些都是间接了解老板目标的方法。

2. 老板说的不对应不应该反驳？

这个问题可以反过来问自己，如果你是老板，你会希望你的下属怎么处理？每个公司的文化不同，每个老板的个性也不同。但总的来讲，不合时宜地当面提出反对、不给老板留情面应该不是个好主意，但唯唯诺诺没有自己的意见也不是好员工，毕竟你的工作就是要帮老板做出最佳决定。所以如何在合适的时间提出建设性的意见是你需要思考的。多问问自己的发心，究竟是想为老板好、为公司好，还是想要证明你有多正确、多聪明。

二、一仆两主：不要成为老板之间的炮灰

胜者承担责任，败者埋怨他人。——彼特·休莫（美国媒体人）

Winners take responsibility,losers blame others. – Brit Hume

都说世界是平的，可公司并没有因为世界是平的而相应扁平化。相反，随着全球化和公司规模不断扩大，有一定规模的大中型企业尤其是跨国企业，无可避免地走上了矩阵式的组织结构（Matrix Organization）这条

不归路，这也就意味着一个人可能会同时有多个老板，比如业务老板、项目老板、区域老板等等。有时候老板和老板之间还有不和谐的时候，你作为员工夹在中间怎么办？

先看看矩阵式的组织和传统的直上直下的组织有什么区别吧：

如果你的组织架构是这样的，那就是一个典型的**直线汇报组织**。

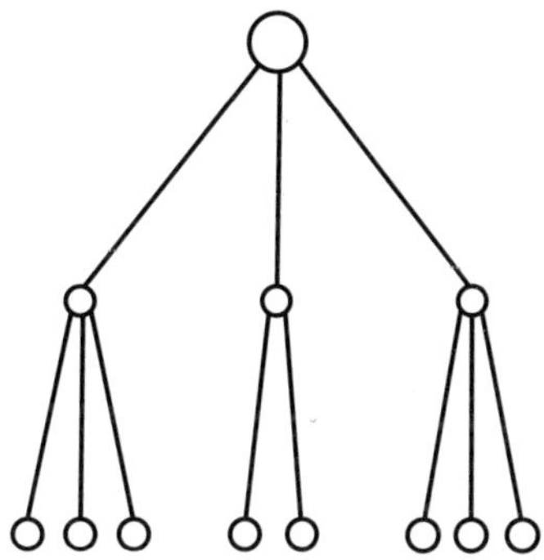

但也许你所在的组织是这样的：一个**二维矩阵式组织**。

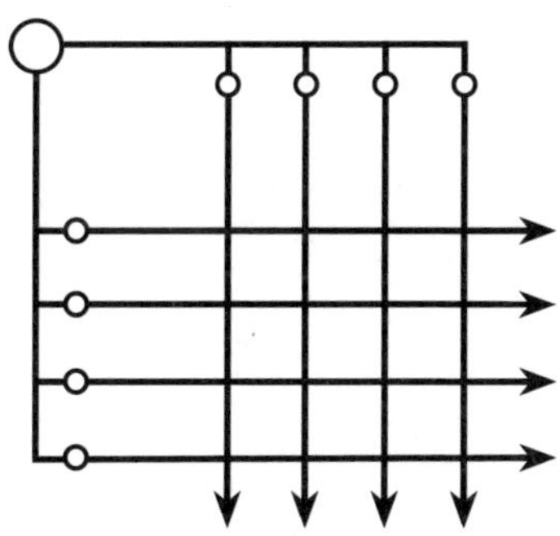

这两个维度中，一个可以是业务部门、职能部门；另一个维度可能是区域，或者不同产品线。

也或许你的组织有三维甚至多维的矩阵式组织。这听上去很复杂，但其实也越来越常见。比如我在以前公司做中国区政府事务的时候，我的实线老板是在北京的中国区总裁，虚线老板则是在华盛顿的全球政府事务部高级副总裁。如遇特殊项目，还会有项目经理，那就是我的第三个老板。

矩阵式组织的一大特点就是汇报线复杂。但其实一仆二主这个表述并不恰当，因为在公司里员工不是仆人，老板也不是主子，大家都是打工的，出来混都不容易，何必以主仆相称呢。员工和老板之间不过是组织里有特殊关联的合作伙伴而已。既然是合作伙伴，就像婚姻一样，最好的老板和下属之间的关系不但互相依存，而且还能互相成就对方。另外并不是所有的矩阵式组织里都会有多重汇报线的现象，但即使没有多个老板，矩阵式组织里和其他部门同事协同合作的机会也会比传统组织更频繁。

我在做企业培训的时候经常需要跟外企里的一些高管或者 HR 沟通了解他们的需求。大家普遍认为中国员工在面对矩阵式组织的时候还是相当有挑战的，具体来讲可以概括为“不够成熟”“为人处世能力欠缺”，最后导致和老板之间关系“缺乏信任”。

而站在饱受夹板气的员工角度来讲，他们的委屈又在哪里呢？

1. 汇报关系模糊，员工一头雾水

实线老板、虚线老板，谁负责什么，有的时候是非常清晰定义的，有时候则是很模糊的。尤其是当两个 / 多个老板虚实关系模糊的时候，谁负责什么、什么事儿向谁汇报、决策路径是什么，通常没有一个清晰的定义，此时员工通常会有两个反应：

– 过度沟通：凡事事无巨细都向两个老板汇报，一天 200 封邮件抄送老板，害得老板恨不得拉黑你。这样做的结果是老板会觉得你不够成熟，不能独立完成任务。

– 沟通不够：该向老板请示的不请示，自己拿主意或者请示错了老板，害得另一个老板不爽，以至于老板质疑你的忠诚度。

2. 老板之间有矛盾，员工受夹板气

只要有人的地方就有矛盾，更何况老板之间。职位越高的人通常也越自我。当两个老板给出矛盾的指令时，你该听谁的？有人说，这还不容易，谁官大、级别高就听谁的呗！但这可不是在玩扑克牌！

更糟糕的是，老板和老板之间互撕的时候，作为员工你夹在中间怎么办，是可怜巴巴地等着当炮灰？还是挺身而出当个和事佬？这两个选择下场都会死得很惨。

3. 决策权不清办事效率慢

矩阵式组织的一个特点就是人人都想插一杠子，但又没人想要拿主意。员工周旋于各种各样的电话会议和邮件，被无数人告知“Keep me in the loop”（把我放在邮件群里），但左等右等却不见有人拍板儿。最后如果耽误事儿了，多半还是员工被骂。

感同身受吗？那怎么解决呢？

首先，我在管理全球团队的时候，一直坚持对于年资比较浅的员工不要给他多个老板，更不要给他一个远程老板，因为他很难有那个能力去驾驭。更何况对于他们来说，首要任务应该是提高业务知识，当遇到困难的时候，有人可以及时帮着解决，而不是等着他的美国老板早上起床喝完咖啡看到邮件后再决定。更重要的是，当员工把有限的时间精力都用在跟实线老板和虚线老板之间周旋，他哪儿还有时间干活啊？

矩阵式的组织架构看似很合理，但实际操作中给员工，尤其是外企里不善言辞的中国员工带来太多的挑战。尽管很多企业试图将组织结构变平，可有时候却越变越乱。所以只要你还在矩阵式组织里，你就无法避免这种挑战。你可以对这种内耗嗤之以鼻，但如果你成了内耗的炮灰那就不

值得了。所以作为员工你能做什么呢?

说到解决方法“How”,我们就得又回归到“Why”,为什么要有这样的组织架构呢?为什么不用传统的直上直下组织架构呢?这中间有些是客观原因,比如跨国公司复杂的地域性,每个国家都有自己的法律法规,所以需要有相对应的地域汇报关系(比如中国区),另一方面则是主观原因。矩阵式组织使得各种职能部门的相对集中和事业部门的相对分散成为可能,而这样做的目的就是更好地适应复杂多变的外部商业环境。

所以如果你觉得沟通不顺,如果你觉得办什么事都得要说服好多人才行,如果你觉得各种不爽,因为没一个人汇报给你,你还得带着大家干活,那就对了!因为这种组织结构就是这么设计的,它就是靠牺牲清晰度来获取灵活度,靠各种部门之间的互相制约来获取最佳解决方案和公司利益最大化的。如果你不明白这个道理,你就会一直抱着受害者情结怨天尤人,最终成为矩阵式组织的炮灰。

明白了这个道理,我们接下来就可以看看怎么才能适应这种组织了。

1. 拒绝模糊,主动澄清责任和目标

矩阵式组织里各部门和各老板之间的责任和目标经常模糊不清甚至重叠,可就像男女之间的暧昧关系,永远都是你让它暧昧它才暧昧的。而且这种暧昧关系总会让一方受伤更深。在老板和员工之间,暧昧不清的责任和目标导致最后受伤更深的一定是员工。想要避免这种暧昧关系,前提是你必须主动澄清角色(role)、责任(responsibility)和目标(goal)。什么事情向谁汇报,以什么形式汇报,需不需要告知另一方,都需要有明确的定义。如果老板们没说清,你一定要追在他们屁股后面问清为止,这儿的关键词是你而不是你的老板(们)更不是人事部。因为你的职场,你做主。

2. 保持中立、公平

虚线和实线只是一个技术层面的定义而已，并不代表你作为员工的忠诚度。虚线老板也期待你能实实在在地对待他，不能因为他是虚线老板就代表你可以虚情假意。说不定今天的虚线可能是明天的实线，出来混，早晚都是要还的！

我曾经问过我的印度尼西亚同事，为什么你们国家可以一夫多妻，可我没见真的有多少人有多妻呢？他说他们宗教里要求如果是多妻的话，丈夫要平等对待每一个妻子，如果给一个妻子买了 iPhone6，就不能给另外四个妻子买 iPhone5。这太难做到了，所以鲜有人尝试。这个比喻虽然也许不大恰当，但意思你明白了，无论是实线老板还是虚线老板，都是老板，在忠诚度上要保持一碗水端平。

因此，保持公平、中立是维护多头关系的关键。当老板之间互撕的时候，不要假设猜想，试图当包青天，更不要站队或做和事佬。多问多想多试图理解矛盾的根源，让双方知道矛盾带给你工作的影响，最重要的是干好你的活，做好你自己。

3. 向上管理中，信任是关键，沟通是王道

如果你连一个老板都管理不好，那让你管理多个老板只能更加暴露出问题。所以学习“向上管理”可谓职场生存的基本情商课。

向上管理中很重要一部分，除了上一篇讲到的了解老板目标，就是要了解你老板是如何做决策的，他的决策模式（decision making model）是怎样的？他对风险的喜好是什么？在一个复杂的矩阵式组织里，你还需要知道决策的路径是什么，谁在哪个节点会对这个决策有什么样的影响？无论是和你的老板还是其他决策者，信任是关键，沟通是王道。

总结

矩阵式组织的最大问题就是沟通成本高且很多时候是无效沟通。作为员工，你无从选择你的组织结构也无法选择你的老板，但你可以选择如何应对发生在你身上的事情。

面临错综复杂的矩阵式组织，你可以选择做一个抱怨者，也可以选择做一个赢家。当然，还有另一个选择，那就是跑路，不过只要地球还是圆的，你也许躲得了今天躲不了明天。

你的职场你做主！祝你做一个职场赢家！

三、功劳给老板的员工差不了，认可给员工的老板错不了

如果你在做事的时候不考虑谁最后会把好处拿走，你的收获将是很惊人的。——罗纳德·里根（美国前总统）

It's amazing what you can accomplish if you don't care who claims the credit. – Ronald Regan

"职场上责任是下属的，功劳是上司的。选择忍气吞声又不甘心，到底如何是好？"这是"有意思教练"公众号平台上一个读者提的问题。所以咱们就聊聊为什么作为员工，你需要把功劳给你的老板（和团队其他成员）。同时也说说为什么作为老板，你应该把认可给到员工。

你可能会说，怎么话横竖都让你说了？看完了就明白了。

1. 为什么你需要把功劳给老板和团队

“凭什么活是我干的，功劳却是老板的？”最简单粗暴的回答就是什么都不凭，就凭人家是你老板！如果没有他给你机会，为你提供资源，你哪儿来的功劳？况且作为员工你的工作就是要支持他，让他实现团队的目标！只有这样，你所在的组织才能成功，你也才有机会继续展示你的才华。

可是如果那个功劳根本就不属于他呢？

首先你怎么界定“属于”？很多时候老板在幕后给到你的支持，作为员工并不清楚。就算你再努力，你的成绩里一定多多少少有一部分功劳属于老板，如果你不给到他，有些缺乏安全感的老板可能就会去抢甚至多抢。但如果你真就大大方方地给他，他的安全感得到了满足，你觉得他还会死乞白赖地抢吗？

团队成员也一样，当你把功劳让给他人，大多数情况下人家会感激你的姿态，尤其是那些比较害羞不擅长表达的同事，他们会格外感激你。但人家也不一定就真的会把功劳照单全收。即使会一次两次，也不会好意思到次次都要。

不要脸的人有没有？当然有！但是我们跟别人打交道的时候，不能先假定别人都不要脸，就你最要脸。其实大家想要被认可的需求是差不多的，大家都想要公平，只是有的时候因为沟通不到位，让双方对彼此的贡献认识不足。

如果你多次跟老板正面沟通，但他还是恶意抢你的功劳，那当然是另外一回事儿。那种情况下，你可以私下向你在组织里其他信得过的人请教如何通过合适的渠道解决。但大多数情况并不是这么极端的。作为员工，你想要的其实很简单，不过就是对你功劳的认可（recognition）和奖励（reward）。

但认可和奖励是两个概念。认可是取之不尽的，奖励则是有数的。

如果你能带着感恩的心去看待老板给你的支持，并且把对这份支持的认可给到他，比如说："多亏您摆平了那个预算，要不然我们的项目都进行不下去了。"他一定会觉得自己很有价值，也因此感觉良好。老板也是人啊。

跟同事也是一样，人家如果给出了一个好点子，那就及时认可别人"呃，真是一个好主意，我怎么就没想到呢？"既然认可让人感到满足，而且是取之不尽的，不是说你有我就没有了，也不是说你好我就不好了。为什么不多认可别人呢？

认可和奖励的另一个区别就是认可是基于事实的，而奖励则是基于判断的。对于一个员工来讲，能够给你的最大的奖励不是加薪而是升职。加薪是对你现有工作的认可，升职则是在现有工作的基础之上，对你未来潜力的判断。

在公司每逢开会讨论哪个员工可以获得提升，只要有人一张嘴说"我很认可某某某的工作"，我就知道这句话后面一定跟着一个"但是"。果不其然，不是"但是"这人潜力不够就是什么地方还有欠缺，总之就是还没准备好。

可见认可你的工作并不见得就会奖励你一个更大的责任。为什么呢？认可和奖励之间到底差着什么呢？差的就是"信任"！什么是信任？信任不是"工作"层面的，而是"人"这个层面的。让老板认可你的工作不是终极目标，让他信任你才是！所以我一直强调在和老板及同事的关系中，实现彼此的信任才是最重要的。如果没有信任，就算你有多少功劳也没有用！

而我看到员工经常陷入的误区就是把职场当成短跑，把老板和同事都当成比赛的对手。其实一个人的职业发展更像是爬山，这一路上遇到的人都是互相激励、互相成就的。如果你能带着感恩和开放的心态主动和老板及同事沟通，主动把功劳多让给别人，你将更有可能赢得他们的信任。

2. 为什么老板需要把认可给到员工

我以前的美国老板，每次开会做完业务汇报，总是两手一摊耸耸肩说“我什么都没干”，然后指指我们说“这些成绩都是他们干的”。他还总是说自己什么都不会。当时我们团队是为公司实施 Oracle ERP 系统的。有一次我帮他登录到系统，才发现他连密码都不知道，我跟他开玩笑说：“老大，看来您是真的什么都不会啊！”

他当然不是真的什么都不会！他能让业务部门了解到我们 IT 部门的价值，能在公司更高层为我们争取资源，他需要会的都会就足够了！而他会的正是我们这些下属不擅长的。有一次我在一个会上被业务部门很不客气地数落了一通。他听说以后，当着我的面一个电话砸过去说：你不可以这么跟我的员工讲话。那一刻我真心觉得他帅呆了，别说给他卖命干活了，嫁给他的心都有了！

什么叫领导力？ 艾森豪威尔说过领导力就是让别人心甘情愿地为你干活的艺术。（当然前提是为了一个更高的目标而不是满足个人私欲。）

所以一个好的领导根本不在乎别人说自己不会什么，也不关心自己能捞到多少好处，而是更关心团队成员感受如何，他们能得到多少。这说起来容易做起来难，但真正能这样做的领导，自己并吃不了亏。

美国前总统里根说过：“如果你在做事的时候不考虑谁最后会把好处拿走，你的收获将是很惊人的。”为什么呢？因为真正的领导力是建立在信任的基础之上的。而你如果总是把功劳都揽在自己身上不分给员工，又怎么能获得他们的信任？ 所以聪明的领导总是让员工觉得自己很聪明，笨的领导总是让员工觉得自己很笨！

说到功劳就有其反面——责备。好的领导出问题时会先把责任担起来，保护好员工，等事实清晰了再问责也来得及。可我见过一些领导，一出事先把自己择干净了，错全是员工的。这样的领导谁还想给你卖命呢？

反正多干活就多为出错创造机会，那不干活最好了！无作为的组织就是这么来的。

因为没有信任，每个人干活都干得心灰意冷，说话都说得小心翼翼。大家看似客客气气，但暗地里却彼此勾心斗角。“一个好的领导总是责备多承担点儿，好处少承担点儿”美国的一个著名的企业家阿诺德·格拉索（Arnold Glasow）很精辟地总结到。作为一个领导，如果你把好处多给你的员工，把责任多担在自己身上，你会发现员工给你的回报是“忠诚”。

不要小看这两个字，在这个靠跳槽涨薪的时代，忠诚的员工是任何一家公司的财富。正如英国大亨维珍航空公司的理查德·布兰森（Richard Branson）所说“忠诚的员工带来忠诚的客户，也因此带来满意的股东。”

所以多给员工认可的老板错不了！

3. 为什么把认可让给别人这么难?

全球最优秀的领导力教练之一马歇尔·戈德史密斯（Marshall Goldsmith）在他的书中[1]总结成功人士的21宗罪里有两条，就是“不给别人应有的认可”和“把不属于自己的功劳揽在自己身上”。可见这个问题还挺普遍的。

为什么把功劳让给别人这么难呢？除了和企业本身的文化有关系，我猜想这可能和我们从小总是被父母老师跟别的孩子比较有关，比来比去就埋下了看不得别人好的种子。

所以，在我看来不能把认可给到他人是缺乏安全感的一种表现，更深层的原因还是缺乏接纳力和幸福力。拥有接纳力就能大大方方地给他人以认可，因为别人好并不代表你不好，别人可以好，你也可以好！

另外，我认为西方社会培养这种给别人认可的习惯是从学校就开始

① 《What got your here won't get you there》 by Marshall Goldsmith

的。他们从小学写文章，上网查文献引用别人的话，就要把原作者的名字和出处写得清清楚楚。而我系统地接受这方面的训练是在英国读博士的时候才开始的。那时候我还觉得这也忒较真儿了吧，有必要吗?

现在我自己成了原创作者，看到自己的文章和演讲视频在网上经常被没有授权的机构引用，才深刻地体会到较真儿是非常有必要的。给别人应有的认可应从尊重原创开始。

总结

功劳给老板的员工差不了，认可给员工的老板错不了。这两句话之所以都有道理，是因为只有这样才能营造一个公平信任的公司文化。而在这样一个充满信任的组织里，每个人都放得开手脚干活，且敢作敢当。这样的组织怎么可能不成功呢?

自我教练问题

我们经常带着自己的主观判断看待“功劳”，这让我们离事实越来越远，问问自己：

1.当我放下对同事和老板的主观判断，只是关注事实，我会有哪些不同的感受?

____

2.这会给我和同事及老板的关系带来什么不同?

____

第三章　职场上除了拼智商，还能拼什么

一、所谓情商高就是能不好好说话偏要好好说话

二、职场上除了拼智商和情商还能拼什么

三、让我们开窍的不是答案而是问题

一、所谓情商高就是能不好好说话偏要好好说话

情商就是当你终于意识到你不是一切。——彼得 · 斯达克（美国作家）

Emotional intelligence is when you finally realize, it's not all about you.

– Peter Stark

先跟大家分析一个真实的案例。

一个美国小伙子去面试一份高管工作，他非常能干，工作背景和口头表达能力也很强。但他的几个竞争对手从经验上来讲更有优势，相比起来这个小伙子显得有点儿嫩。这是个群面，五个面试官也都不是什么善茬儿，不是德高望重的美国律师就是前美国政府官员，我是那里面唯一一个中国人。

面试进行过半，小伙子发挥得很不错，但是他明显年轻于其他几位竞争者的资历却一直像一个“White elephant in the room”（房间里的白色大象），不容忽视却被集体忽略，因为谁都不想碰这个话题。

这个问题不好问，总不能说你小子看上去这么嫩，怎么干这活儿啊？终于我坐不住了，这个问题再不好问也得面对，否则既没有尽到责任又对这个小伙子不公平。于是我开口问道（为保护隐私，名字为杜撰）：

"彼得，你真的很幸运长了一张婴儿脸，对于那些说你可能不大有经验来胜任这个工作的人，你会怎么说呢？"

"我之所以问这个问题是因为我也经常是房间里唯一一个女性，而且是最年轻的，所以有的时候人们也不会把我当回事儿，所以我想知道你打算如何解决这个问题呢？"

当我刚张嘴说出"婴儿脸"的时候，其他几个面试官都开玩笑地嘘我，好像我看上人家帅小伙了，等他们听完了我的问题又都频频点头。小伙子也如释重负，总算有人给他一个机会让他为自己充分解释一下。接着他非常坦诚地回答了他打算怎么面对这个不容忽视的问题。

这个问题看起来是有点儿啰嗦，但是却符合非暴力沟通[①]的四个要素：观察、感受、需要、请求。让我们来拆解一下：

1.观察：把看到的不带个人评判地说出来。我观察到的就是他看起来很年轻，但是如果此时我说他经验不够，这就变成了评判。作为面试官，我可不可以有评判呢？当然可以，但是那应该是在了解所有信息之后而不是事先做出判断。

另外我说他"很幸运地长着一张婴儿脸"，其实言下之意是看上去年轻并不代表真的就那么嫩（他也有40了）。

2.感受：这样的观察给我什么感觉？此时我用了一个教练常用的"假如"，转换问题将他人有可能的感受说了出来："你会对那些觉得你太年轻的人说什么？"

这个问题之所以没人问是问不好就会显得很尖锐。可这个"假如"转

① 《非暴力沟通》（美）卢森堡著。

换问题把在座的所有面试官都择出来了，觉得你年轻的不是我们而是“那些人”。这样的问法把一个相对棘手的问题弱化了。

3. 需要：这一步可能是平时沟通时最容易被忽视的。很多时候大家径直奔向下一步，请求（甚至命令）他人做什么却不告诉别人为什么你需要他那样做。在沟通的时候我们经常带着良好的意愿说一件事，但话到了别人的耳朵里却变成了另一个意思。因为当别人不知道你请求背后的“为什么”，就很难理解或被说服甚至会误解你说话的动机。解决这个问题的一个办法就是把自己良好的意愿点出来，给别人一个原因，不要让人家猜。别人不是你肚子里的蛔虫！

我问这个问题不是为了刁难他，我的发心是给他一个机会，对这些觉得他有可能太年轻的面试官解释一下。而我之所以把自己那段儿拿出来说是想跟他共情一下，因为我深知那种仅仅因为我是个（相对）年轻的女性而不被别人重视的感觉很不爽，所以我想让他知道我懂的！

4. 请求：根据以上需要，想要让对方采取的行动是？我想要的很简单，就是想知道他打算如何解决这个他人有可能不拿他当回事儿的问题呢？

分享这个案例不是为了说明我多会说话，而是想要阐明我是怎么理解情商的。其实年轻的时候我说话还不是咄咄逼人，处处要彰显我有多聪明，生怕全世界不知道！ 后来我在美国工作的时候遇到了一个老板，他长得帅，人也好，但却患有严重的口吃。严重到什么程度呢？经常当他试图说一个字的时候，你能看到他的嘴张开了但就是发不出来那第一个音，整个脸都因为努力而跟着扭曲了。随着这个音发出来，他又能像没事儿人一样接着说了。我一开始跟他工作的时候，每当这个时候都特别尴尬，也不知道是该把目光移开，还是该假装什么都没有发生看着他。最糟糕的是当这事发生在电话会议的时候，我不知道是他又卡壳了还是断线了？

好几次我都试图替他把他想说的说了，或者在他停顿的时候插话进去，直到有一次被老板的老板狠狠地瞪了一眼并且嘘了我一声，我才意识到赶快闭嘴。后来我发现当这种事情发生的时候，别人都静静地等着，不管是在线上还是面对面，大家就这么静静地等着他艰难地把那个音吐出来才会说自己想说的话。那大概是我第一次意识到让人把话说完是多么重要，自作聪明又是多么招人烦。

再后来，我发现公司里的很多高管，还有我接触过的政界商界的大人物，以他们的才识和职位，他们完全可以盛气凌人却偏偏要春风细雨，可以咄咄逼人偏偏要轻声轻气，可以张牙舞爪偏偏要平和淡定。这让我真正懂得所谓的情商高，就是明明可以不用好好说话还偏要好好说话！我想这就是沟通之“道”，也是做人之“道”。其实也没什么新鲜的，不过就是我们常说的“已所不欲，勿施于人”。

总结

这本书里对沟通之术有很多详尽的分析。谈话、写文章、做演讲也都是沟通的不同形式。但所有的“术”都基于一个“道”——沟通要站在别人的立场上。因为你不是一切！道理虽然显而易见但需要长期修行，要摔足够的跟头才能真正内化。我很幸运，在年轻的时候摔过足够的跟头，而且总是能和高情商的人一起共事，学到了很多“道”和“术”。我相信当你心中有“道”，你的沟通之“术”定然也会不同。

二、职场上除了拼智商和情商还能拼什么

欢迎来到好奇的时代，作为一个领导，成功更多关乎于你能否好奇地质疑而非你能否有所有的答案。——沃伦 · 贝格尔（美国作家）

Welcome to the era of the curious leader, where success may be less about having all the answers and more about wondering and questioning.

– Warrea Berger

说到智商高，大家不由得想到一头乱发的爱因斯坦。可别看传的那么邪乎，事实上，爱因斯坦从来没有做过 IQ 测验。想来也有道理，他用得着做吗？后人根据种种因素（包括对他大脑的解剖）推测他的智商在 160 到 190 中间。这是一个什么概念呢？

70% 的人智商在 85–114 之间，所以爱因斯坦的智商绝对算是高的。除了那些搞科研工作的，智商的高低对于现实工作究竟有没有影响呢？像我这种从来没有胆量做 IQ 测验，生怕自己一不留神落到六西格玛之外的（注意是左边），是不是就无可救药了呢？

答案是 Yes and No。

1. 智商、情商、好奇参数

先说坏消息：哈佛商业评论的一篇经典文章《好奇心与智力同样重要》[①] 指出："少有人知道或愿意接受的是，IQ 确实能够影响在真实世界的

① "Curiosity Is as Important as Intelligence" by Tomas Chamorro-Premuzic, Harvard Business Review Aug.27th, 2014

许多结果，比如工作表现和客观的生涯成功与否。”

主要原因在于“IQ 较高，学习或解决问题的速度也就较快。IQ 测验表面上看来似乎只是个抽象、数学、与日常生活问题无关的测验，但其实它很能预测我们处理复杂问题的能力。因为复杂的环境带有更多资讯，也就带来更多认知负荷，需要耗费更多脑力、进行更专注的思考，不是简单靠自动化思考就可以的”。所以说 IQ 的高低的确会影响到你解决复杂问题的能力。

现在该说好消息了：好消息是如果你像我一样 IQ 不高，你可以拼 EQ 啊！情商涉及到我们感知、控制与表达感情的能力。这本书里绝大部分文章都是在讲如何提高情商的，情商的重要性毋庸赘述。

但是除了拼 IQ 和 EQ，还能拼什么呢？

爱因斯坦的智商虽然比普通人高，但在一项非正式的全球十大高智商人物排行榜中，他的智商仅仅排倒数第三。可以说就连爱因斯坦也不是仅仅靠拼智商的，连他自己都说过“我没有什么特别的才能，不过是有强烈的好奇心罢了”。

这里的好奇心指的不是八卦式的，而是自然的好奇心，是一种开放的心态。这种开放的心态让你对人和事格外感兴趣，并且渴望学习新东西，接受新的挑战。这就引出了另一个 Q，平时大家说的不多，叫作 CQ（Curiosity Quotient），即好奇参数。CQ 较高的人对事物更好奇，对新的体验接受的态度更加开放。他们对新事物感到兴奋，而对一成不变地例行公事很快就会厌倦。他们常常想到许多原创的点子，而且不会墨守成规。

2. 好奇心在职场中的作用

那为什么拥有好奇心这么重要呢？ 我先引用刚才提到的文章里的观点科普一下（引号部分为引用），然后再加上我的解读帮助大家更深入了解这些观点在职场中的现实意义：

帮助我们处理复杂问题

“我们正处在一个‘复杂的时代’，日新月异的科技进步让这世界永远比我们所想的更加错综复杂。而 CQ 较高的人通常更能包容模棱两可的现象，正是这一细腻、复杂、微妙的思维方式定义了问题复杂性的实质。”

同样，在职场中我们面临的问题也越来越复杂，而很多时候答案都不是非黑即白的。因此从做基层工作上升成为领导的一个重要挑战，就是如何在不确定的环境中，根据不确定的信息，做出一个相对确定的决定。在职场上这种包容模棱两可的能力（The ability to handle ambiguity），越往高处走就越必不可缺。

至关重要的是，好奇心帮助我们以积极的态度面对种种不确定性。虽然有确定性和可控性的环境给我们带来安全感，但往往是不确定性和挑战为我们带来长久的利益。而通过我的观察和跟 500 强公司 HR 部门的交流，我发现这也是很多人从技术骨干过渡到管理层迈不过去的坎儿。

虽说对确定的信息感到更舒适更安全是人之常情，而且如果你是富士康生产线上的工人，也许你并不需要有这种包容模棱两可的能力，因为所有的工作流程都是确定的。为了保证操作人员不需特别注意也不会失误很多，制造流程还会采用防误防错法（POKA-YOKE，一种日本制造业的方法，可以确保只有正确的安装方式才能通过）。但是如果你的工作涉及到复杂的人和事，则需要你在情况错综复杂且信息模棱两可的情况下，思考、判断、并解决问题。CQ 较高的人在这种情况下就会更加游刃有余。

引领更持久的知识获取

“CQ 会引领长时间、更高程度的智力投资与知识获取。而知识与专业知识，就如同经验一样，能将复杂的情境转化为那些熟悉的情境，因此到头来，CQ 才是能为复杂问题找出简单解法的终极工具。拥有好奇心的人更有求知欲。他们对知识的获取比一般人更饥渴也更愿意为此投资，他们的知识面也因此更广。当面临复杂问题时，他们更能从多角度来判断分析问题从而找到思路。”

大学毕业的时候我把书包一扔，心想这辈子我再也不用回学校了，再也不用考试了！太棒了！然后工作没几年就发现知识不够用了。后来在美国 MBA 毕业的时候，我把帽子一扔，心想，这次我是真的再也不会回学校了，真的再也不用考试了！结果人到中年才发现知识不够用就算了，就连摄取知识的方法也不够用了，所以就又回到了学校。对于我来讲，驱使我后来念博士的更多是好奇心而不是雄心更不是野心。我其实就纳闷这看似深奥的学术研究是什么，而我这么一中年妇女又还能折腾出什么。

好奇心激发创新

“如果你是一个公司的领导者，好奇心就不单单影响你一个人的职业发展，更会影响到整个公司的方向。在当今瞬息万变、以创新为驱动的时代，具有不断探索‘新路径’的渴望就变得更加重要。而好奇心让我们保持警觉而不是随波逐流，同时它激发创新。”当被问到面对未来的动荡时期，CEO 们最需要什么特质才能取得成功时，迈克尔·戴尔——戴尔公司的首席执行官说：“我会赌好奇心。”

如果好奇心这么重要，为什么在成人世界里却是一个罕有的特质呢？我们又如何培养好奇心呢？

3. 如何培养好奇心

我们生来都拥有无穷的好奇心，看看那些东摸摸西碰碰的小孩子就知道了。所以与其说怎么培养好奇心，还不如说怎么找回失去的好奇心。而究竟又是什么扼杀了我们的好奇心呢?

爱因斯坦说:“现代的教育方法竟然还没有把研究问题的神圣好奇心完全扼杀掉,真可以说是一个奇迹!”确实，当我们培养孩子们遵循规则时，就限制了他们听从自己的本能和直觉[①]。随着年龄的增长，我们想要探索的本能被想要安全、害怕失败的焦虑心理削弱，而好奇精神又可以帮助我们遏制一些普遍的焦虑。总之，随着我们年龄的增加，焦虑心理和好奇精神就这样开始了一场拉锯战。

我们不再问问题，因为那让我们看起来很傻。我们不想把自己放在一个开放的位置，因为那样很容易受伤。在追求安全和舒适生活的道路上，我们慢慢忘了什么才是真正驱动我们前行的动力。我们不再问什么让我兴奋，我到底追求的又是什么?

那怎么才能找回我们的好奇心呢?

自我觉察

自我觉察是任何行为模式改变的第一步。如果你觉察到你对某种情况感到不舒服或是你正在避免一件事儿的时候，与其去逃避，还不如把它看成是一个好兆头，这说明有新奇和不确定的事等着你，而你可以利用这个机会做个实验。比如对很多人来说，与陌生人聊天是件很尴尬的事儿，这正是一个很好的开始。带着好奇的心态，尝试用闲聊技巧跟陌生人聊聊，看看你有什么新的自我觉察?

让激情代替焦虑

焦虑和愿望是同一个硬币的两面。当我们为一件事情感到焦虑的时候，肯定是因为我们对那件事情有一个愿望。愿望越强烈焦虑也就越突出。

---

① “Curious? Discover The Missing Ingredient To A Fulfilling Life” by Todd B. Kashdan，尚无中文翻译。

哈佛大学的心理学家埃伦·兰格的一个研究让我们看到好奇心如何能够转换焦虑。她要求志愿者即兴演讲，并随机将他们分配到三个小组。第一组被告知他们绝对不能犯错误，因为错误是不好的。第二组则被告知他们所犯的任何错误都会被原谅。第三组被告知他们应该故意犯错误，然后将错就错地将这些错误纳入到演讲本身。结果显示最后一组不但演讲者自己觉得更自如，观众也评他们为最有型、最有效和最有智慧的一组。这个实验证明，如果我们可以将焦点从我们害怕什么转移到我们感兴趣什么，那么我们所害怕的就消失了。

我从外企出来之前，想到创业之艰辛，心里不免焦虑，万一一事无成还丢了饭碗怎么办？ 但是每当我把焦点转移到未来等待我的各种机会，想到能通过我的文字、培训、演讲和教练可以支持到他人可以并且看到他们的正向改变，激情就压倒了焦虑，也更迫不及待地想要迎接未知的世界。

学会问好问题

CQ 高的人有一个特质就是他们爱问问题，而且是好问题。正如美国著名天体物理学家尼尔·德格拉斯·泰森（Neil de Grasse Tyson）说的："不问问题的人一生将活得毫无头绪。"光问问题还不行，还要学会问好问题，而这本身就值得学习。

再聪明再成功的领导也不可能对所有问题有答案。是的，我们进入了质疑的时代，而这个时代缺的不是好答案，而是好问题。

总结

与 IQ 或者 EQ 不同的是，好奇心不是能力而是一种生活态度上的选择，它使我们透过凡庸的日常生活，看到其真正意义。当你成为那个勇于发现自己的人，并抱着一种更好奇、更开放的态度来看待生活时，你会发现每个人身上都有你可以学的东西，因为人生就是一场充满惊喜的偶遇！

虽说好奇害死猫，但你不是猫！

三、让我们开窍的不是答案而是问题

问对问题是智慧的一半儿。——弗朗西斯·培根（英国著名作家）

A prudent question is one-half of wisdom. – Francis Bacon

杨绛先生曾说很多年轻人的问题主要在于“读书不多而想的太多”。我倒觉得问题主要在于：书读的倒不少，但想的太少，问的更少。

其实让我们开窍的不是答案而是问题。

以前公司每逢全球 CEO 来访开员工大会，HR 都要在听众中埋伏枪手，以确保有人提问而且问的得体。我也经常参加一些行业大会，每到 Q&A 环节，提问的多半儿是老外，偶尔有中国同行，也经常啰里啰唆半天问不到点儿上。

问问题这件事看起来这么简单，为什么我们很多人却不敢问或者不会问呢？

研究发现人类问问题的好奇心在 4 到 5 岁达到一个峰值，一个学前儿童每天平均会问父母 100 个问题。对于他们来讲整个世界就是由无数的问号组成的，提问就像呼吸一样发自本能。在这之后我们上学了，工作了，老师和老板们想听的是答案而不是问题。久而久之，不但我们提问的能力萎缩了，就连勇气也被世故淹没了。

可是如果你一不敢提问，二不会提问，你又怎么能找到答案呢？

每当我问到学员为什么平时开会不爱提问，多数人都说是因为怕露怯，怕人家说问的傻。可什么是傻问题呢？

前不久我参加亚太区美国商会理事会，其中一个“危机公关”的案例讲的是一家企业的员工打着公司的招牌在外面做了严重危害消费者的事，而总经理却蒙在鼓中。几位专家分别给大家分析了这家公司此时应该如何处理这场危机。

到了 Q&A 环节，我心想你们几位老大说得这么热闹，都是在说怎么才能帮助企业走出困境，可如果我是那公司的总经理，我现在就想知道“我会被抓起来坐牢吗”。于是我站起来问了这个五岁小孩的“傻”问题。话音一落，下面好几百西服革履正襟危坐的参会者都笑了，有人还冲我竖起了大拇指。

大家为什么笑呢？因为这个“傻”的问题可能正是他们也在想的问题。所以有时候“傻”问题才是最合理的问题。

可我的学生又问我了：你们这些当老板的老是说这世上没有傻问题，但有没有“真傻”的问题呢？

想知道什么是“真傻”就必须区分“事实”（fact）和“意见”（opinion），以及得出它们的逻辑。

如果你问了一个明摆着的“事实”，别人可能会认为你是真傻。但任何时候如果你问的是“意见”，或者如何得出那个结论的“逻辑”，那无论怎么问都不傻，因为那是仁者见仁智者见智的。

最傻的问题其实是那些自作聪明的问题。

在外企工作的时候经常接待一些来公司参观的高校学生。每次演讲结束 Q&A 环节都会有同学问一些完全不着调的问题，比如：“我注意到你们上季度财报里亚太地区业务增长滞后于北美……”

亲，你把自己当华尔街分析员了吗？

作为一个学生，很难想象这真是他此时最关注的问题。在我看来问这种问题只有一个目的：为了能让别人觉得我很牛。

能问出一个好问题的确会让别人觉得你很牛，但为了让别人觉得你很牛而问一个问题，永远问不出牛问题。你从来不会看到一个五岁小孩儿为了提问而提问。他是真的很好奇天为什么是蓝的？水为什么是绿的？（然后妈妈都答不上来。）

所以问出一个好问题的首要条件就是真诚。只要你不装就不怕问"傻"问题。即使人家笑你，"laugh at you"（笑话你）和"laugh with you"（跟你笑）也不一样。退一万步讲，就算人家真是笑话你，你会死啊？

不问问题才会死！所以美国质量管理大师威廉·爱德华兹·戴明（William Edwards Deming）说："如果你不会问正确的问题，你将一无所获。"

可什么叫作"对"的问题？又怎么才能问出好问题呢？ 在我看来好问题有这样几个标准：

目的清晰

首先"对"的问题标准取决于你的目的。你是想听取别人的意见，还是想探寻更多的事实？你是想澄清论点还是想挑战论据？你是想赢得谈判还是想建立关系？问题有很多类，比如：

封闭式问题（Closed Question）

开放式问题（Open Question）

探寻式问题（Probing Question）

引导性问题（Leading Question）

自问自答型问题（Rhetorical Question）

你根据不同目的问不同类型的问题。问错问题得到的不一定是错误的答案，但一定是不能帮你解决问题的答案。

简短有力

电影《费城故事》里丹泽尔・华盛顿有一句台词，他在法庭上让对方律师陈述的时候说："Now, explain it to me like I'm a four-year-old."（你现在就把我当成一个四岁小孩解释给我听！）

同样的道理，一个好的问题一定是通俗易懂且简短有力的。这看起来简单但做起来难。我问问题是因为那个问题（issue）很复杂自己想不明白。但是问题（issue）复杂并不代表你不能问出简单的问题（question）。事实上，越简单的问题就越有力！

如果你能把一个复杂的问题拆解成一个四岁小孩都能听懂的，那一定是个好问题。

走脑子

最后，一个好的问题一定是个走脑子的问题。比如，如果你问你的导师："怎么才能成为一个好的销售？"或者问你的老板："我怎么才能升职啊？"这明显就是不走脑子的问题。更走脑子的问法可以是：

"以您的经验，成为一个好的销售应该具备哪几点特质？"或者"在您看来，什么叫作一个'好'的销售？"（标准）

"您觉得在选择出国还是读研这个问题上，都有哪些因素是我应该考虑的？"（决策标准）

"针对这个项目，您觉得我还有什么地方没有考虑到吗？"（盲点）

这些都是一些走脑子的问题。所谓走脑子就是经过思考甚至深度思考，穿越了问题的表层进入问题的核心。另外，与其抓着对方的论点问来问去，还不如去挑战论点背后的论据和假设。

总之，越是能抓住问题的核心，就越是有水平的问题，也越能帮你找到解决问题之道。

走脑子的一个重要前提就是要先走心后走耳朵。如果别人说话的时候你一直忙着想自己下一句要说什么而不用心倾听，那就不可能听出人家说的究竟什么地方有价值、什么地方有漏洞，也就不可能问出真正有价值的问题。

走脑子还意味着要时刻带着思考的心态，而不是找别人要答案的心态。说到底，如果你都懒得动脑子去想，别人凭什么要替你想呢？

总结

现代教育也许让我们丧失了独立思考的能力，所以很多人书读的倒不少，但想的太少，问的就更少。培养独立思考要从提问开始，而这是每个人与生俱来的能力。我们需要做的仅仅是找到好奇心这个原动力，放下那份世故并且锻炼自己提问的能力。

让我们开窍的不是答案而是问题，所以你缺的并不是好答案，而是好问题。如果你能以婴儿般的勇气，带着五岁孩子的好奇心，问一个四岁孩子能听懂的问题，你必将拥有百岁老人的智慧。

第四章　打造个人品牌

一、如何低调地自我推销还不招人讨厌

二、打造那个叫作“你”的品牌

一、如何低调地自我推销还不招人讨厌

你无法找到自己的声音，如果你不发出声音。——奥斯丁 · 克里昂（美国作家）

You can't find your voice if you don't use it. – Austin Kleon

“酒香不怕巷子深”“枪打出头鸟”“要夹着尾巴做人”，这都是我们耳熟能详的老话。在以谦虚为美德，讲究中庸之道的社会中长大，从小我们就被告知要低调低调再低调。自我推销（Self-promotion）这个概念似乎都找不到一个更合适的中文翻译。其实理解自我推销的最好方法就是把自己想象成一个会说话的产品，而自我推销就是如何才能让消费者为“你”这个品牌买单的过程。

可为什么要自我推销？又如何才能低调地自我推销还不招人讨厌呢？在讨论这个话题之前，先邀请大家就下面几个陈述给出自己的意见：

	【同意】	【不同意】
1. 工作成绩自己就会说话		
2. 自我推销浪费时间精力		
3. 自我推销就是吹牛显摆		
4. 做人要低调低调再低调		

其实答案没有对错，仅仅是看问题的不同角度而已。只是我们选择什么角度，看到的世界就是什么样子的。

1. 为什么要自我推销?

不是说“酒香不怕巷子深”吗?很多人认为把工作做好了，自然就会被认可。其实工作成绩自己会不会说话我不敢肯定，但我敢肯定的是即使老板看得到你的工作成绩，也并不一定会看到你。尤其是在一个大公司，组织结构那么复杂，人那么多，事那么忙，你做的工作可能对于你来讲是最重要的事，但对于别人，尤其是老板来说，只不过是众多他需要考虑的事情中一小部分而已。任何一个人，包括你老板或是人事部门，没有责任和义务去关注你的成绩，人家忙自己的事儿还忙不过来呢。推销自己的责任在于你，如果你不承担起这个责任，还能指望谁去呢?

很多人觉得自我推销浪费时间精力，有那功夫还不如多干点儿活呢!但是现在的工作大部分都需要团队精诚合作才行。而自我推销在很大程度上就是让别人知道你有什么，你会什么，你在干什么，你能干什么，你想干什么。只有当别人了解这些信息，才能把合适的机会和资源给你，这分明是一种有效沟通，怎么能算是浪费时间呢?不推销才浪费时间!

所以说工作成绩是让老板看到你的必要条件，但并不是充分条件。酒香也怕巷子深!

如果自我推销如此重要又如此合理，为什么有些人的自我推销都很招人烦呢？因为很多人在自我推销的过程中推销错了内容！

作为一个消费者，当你买一个手机的时候你买的并不是手机，你买的是手机打电话上微信等等的功能。而在那么多手机品牌里，为什么你单挑某一个牌子买呢？因为你知道并且信任这个品牌。

同样的道理，自我推销并不是吹牛显摆而是推销你的价值（value）。而你的品牌（personal brand）则应该能够充分体现你特有的价值，既不能虚有其名又不能过度谦虚。

在一个组织当中，每个员工对于公司和老板来讲都是一个资源。如果你能把自己看成是一个资源，那么你推销的并不是你这个人而是你这个资源，确切讲就是让别人知道你这个资源可以做什么，而你能为他人、为公司、为社会做什么就是你的价值。

招人烦的自我推销通常是看我看我还看我，看我多能干，看我多努力，看我多漂亮。也许你的努力让自己都感动，你的才华让自己都佩服，你的美貌都迷倒了自己，可这跟别人没有半毛钱关系啊？你的努力、才华和美貌都只关乎于你。

现在思考一下：如果你是一个产品，那么你的价值是什么呢？

你再好，再能干，再有价值，如果没人看见又有什么用呢？让别人看见就是我们常说的有“能见度”（visibility）。一个人才辈出的大公司就像一个琳琅满目的大超市一样，如何能让老板在众多“产品”中看到你的价值这是一个大学问。光看见还不行，还得能记住你，最终你还需要赢得他人的信任才能为你买单。

所以有效的个人推销一定要做到让人看到见，记得住，信得过才行。

▍Tips：逆向思维——求人办事也可以起到自我推销的作用

如果说帮人忙可以让别人看到你的价值，你肯定不会惊讶。但如果我说求人办事、让别人帮你的忙也可以起到自我推销的作用呢？不信，我举个例子。

经常有人找我介绍工作或者上 MBA 写个推荐信。每个找我办这些事的人都要发简历给我，跟我先说明自己有什么经验技能，想要什么工作或者想通过念 MBA 得到什么样的职业发展。这不是自我推销是什么呢？虽然不一定所有的人我都能帮上忙，但最起码通过这个过程我更了解这些人和他／她的价值，以后如果有合适的机会我就会想到他们，帮忙引荐。

所以你说求人办事是不是也能起到自我推销的作用呢？可你是不是也总抹不开面子求人办事呢？参见“不是成功了才给予，是给予了才成功”。

2. 看得见——如何让老板看到你的价值?

回想一下在超市里，商家为了推销某种产品，除了在那个产品应有的产品货架摆放，还会在顾客走得比较频繁的通道，甚至结账的柜台摆放，目的就是能提高产品的“能见度”，让顾客有多种渠道看到这个产品并且产生购买的欲望。

回到我们自己这个产品的推销，我们也需要通过多渠道、多途径，让同事、老板、老板的老板和公司里其他高管看到你。如果你和公司里其他部门同事或高管接触的唯一渠道就是通过你老板的话，那你被看到的机会就比较有限，因为你的“能见度”完全靠你老板。一个好老板会竭力推销你，甚至成为你的代言人，但不是所有的老板都有意愿、有能力、有时间、有足够的安全感推销你。所以与其靠别人还不如多拓展些不同的渠道和途径，提高自己的“能见度”。

那怎么才能拓展多渠道多途径呢？

如果你的工作仅仅局限于工作职责之内定义的，分外的工作一概不沾，那你的渠道就只能限定在你老板身上。相反，如果你可以把自己的工作拓展到工作职责之外，你就有机会建立不同的渠道，发展多种路径。

我在美国工作的时候参加了公司为促进多元化而设立的 Women Business Council，后来回到北京工作的时候，我就想为什么不设立一个分部呢？这当然不在我的工作职责之内，但因为我对推动女性领导力有热情，所以就号召大家一起做了起来，而且还给它起了一个好听的名字叫“丽人商会”。N 多年之后，我老板的老板、公司的首席信息官（CIO）成为“丽人商会”的全球高管导师。我们也因为一起做相关活动有了很多除日常工作之外的接触机会。我从和她近距离工作学到了很多东西，她也因此看到了我的组织能力和领导力，最终成为我的伯乐。

在做好自己分内工作的前提下，跳出工作职责，主动多做一些看似不着边儿的分外工作，不但能锻炼自己的能力，拓宽眼界，更能让自己跟高人一起共事，同时也让自己的“能见度”更高，何乐而不为呢？

还有一种情况可以让你的“能见度”冲破固有层级限制，让更高层的领导看到你，那就是出现危机的时候。所谓时势造英雄，就是那些把危机转换成机会的人。工作中难免会出现各种各样的问题甚至危机，在这个时候，不要往后躲，而要往前冲，主动承担一部分责任和风险，因为这才是展现你价值、建立你的能见度和信任度的好机会（当然咱不能盼着天下大乱）。

▌Tips：开会的时候尽量往前排坐，离老板近一点。

有人说这不就是混个脸熟吗？是啊，混个脸熟有什么错吗？碍到老板的事儿了吗？损害到别人利益了吗？没有！如果连脸都不熟还谈什么看得见、记得住、信得过？另外，和气场强大的老板混个脸熟还有一个特别的好处，参见“如何做到气场强大”。

很多人一看见老板或者大人物扭脸就跑，恨不能离得越远越好，生怕撞上，其实并不是因为他们不想混个脸熟，而是因为实在不知道聊什么。参见“会闲聊的人比较容易成功”，学会和大人物闲聊。

3. 你说的都有道理，可我还是觉得不好意思推销自己，怎么办？

推销自己确实需要克服自卑和自负情结。自卑的人总觉得自己不够好，没什么可推销的，抱有这样心态的人没有足够的底气推销自己。自负的人则根本不屑自我推销——老子这么能干你们眼睛看不见吗？自卑和自负可以同时存在于一个人身上，因为它不过是同一个问题的两种不同表现。这个问题就是没有足够的安全感。真正有安全感的人既不觉得自己不好，也不觉得自己特好，只是觉得自己足够好，好到值得让别人看到。所以我们需要提高自己的接纳力，让自己更有安全感，才能更从容地推销自己。

心理学家布娜·布朗（Brené Brown）在她激励了无数人的 TED 演讲《脆弱的力量》[①] 中谈到，经过成百上千个采访，成千上万的故事后，她的研究得出结论：那些勇于去爱并且拥有强烈归属感的人和那些为之苦苦挣扎的人，总是怀疑自己是否足够好的人，只有一个区别。那就是

① TED演讲 “The Power of Vulnerbility” by Brené Brown

他们相信自己值得。就这么简单。他们能够接受不完美的自己并且相信自己值得被爱，值得拥有亲密关系，值得拥有成功和幸福。

最后，吹嘘自己和推销自己质的区别在于，前者只有一个目的，就是让自己感觉良好，而后者则是为了一个高于你的更高的目标。所以对于那些不好意思或不屑于推销自己的人来讲，下面几个教练问题可能会有帮助：

自我教练问题：

1. 我想要通过自我推销达到什么样的目的？

____

2. 当别人通过我的推销看到我的价值时，我会做什么？

____

3. 除了我以外，还有其他什么人可以受益于我的自我推销？

____

总结

酒香也怕巷子深！不论在公司内外，要让人们认识你、接受你、信任你，你就要充分展现你自己。工作成绩是让老板看到你的必要条件，但并不是充分条件。如果你埋头工作却不为人所知，就算表现再优秀也可能会被铺天盖地的信息淹没。别人没有义务推销你，这个责任在自己！自我推销并不是吹牛显摆拉仇恨，而是让别人知道你能提供什么价值。

二、打造那个叫作“你”的品牌

我们每个人都是“自己”这家公司的首席执行官。在今天的商业社会里，我们最重要的工作就是打造那个叫作“你”的品牌。——汤姆·彼得斯（美国管理学者）

We are CEOs of our own companies: Me Inc. To be in business today, our most important job is to be head marketer for the brand called ‘You’. – Tom Peters

自我推销中让别人看得见你的价值并不是最终目的，混个脸熟也仅仅是个开始而已。有效的自我推销是要让别人记得住，并且信得过你才行，而这就要通过建立你特有的个人品牌才行。美国管理学者汤姆·彼得斯早在20世纪80年代就说过“21世纪的工作生存法则就是建立个人品牌”[①]。

不只是企业、产品需要建立品牌，个人也需要建立个人品牌。苹果这个品牌代表着高科技、潮流。想到苹果手机，人们就会想到乔布斯、精美的设计、时尚的外型，还有价格不菲。那什么是个人品牌？又如何打造那个叫作“你”的品牌呢？

1. 什么是个人品牌？

每个人对个人品牌的理解都不一样，从外在的穿衣打扮说话方式到内在的思想品格。在我看个人品牌就是你代表什么（What do you stand for），别人一想到你就会想到什么？

---

① 《追求卓越》，（美）汤姆·彼得斯著。

一个有效的个人品牌和公司，产品的品牌没什么两样，都要有特色，有一致性并且值得信任。能让人记住的并不一定是功能最好最全的产品但一定是最有特色的。

“过节不收礼，收礼只收脑白金”这句广告词大家都知道，因为它一播就是 10 年，唯一的改动是变成“收礼还收脑白金”。为什么这看似简单重复甚至俗不可耐的广告却成为广告界的一个奇迹？因为它起到了广告的一个重要作用——让人记得住！不管你喜不喜欢这个广告，你都不得不承认你记住了脑白金这个品牌，并且或多或少在脑子里建立了脑白金和送礼 / 收礼的联结。

人也一样，有特色的个人品牌才能凭借高识别度在茫茫人海中让别人看得见，记得住你。这个特色可以是鲜明的个性、与众不同的打扮、出色的能力、幽默的谈吐等等，并且这个特色还需要有连续性和一致性，而不是今天这样明天那样。不一致的信息很难创造出持续的记忆。

有一次我参加一个酒会，到的稍微晚了点。一个朋友看见我说“我就想你会来，一进这屋我就在找带颜色的衣服”。果然，那天我穿了一件紫色的连衣裙。跟我熟识的朋友和同事都知道五颜六色的衣服是我个人品牌的一部分，我尤其偏爱各种糖果色，即使是正装也不例外。每次照集体照，最扎眼的就是我——人黑牙白衣服艳，这就是我的特色。

这也就是为什么鲁豫几十年如一日顶着她的波波头，不管你喜欢不喜欢，因为这已经成为她个人品牌的一部分，一看见那个发型就知道是她。我还认识一个创业公司的女 CEO，她从 18 岁就没换过香水的牌子，因为她深谙“有特色”和“一致性”是让别人能记住你这个品牌的关键要素。

当然“有特色”和“一致性”不仅仅是反映在外表形象上，还包括你整个人的言行举止、能力表现，从内到外所有的内容（total package）甚至包括你发的朋友圈。因为在社交媒体时代，你在公众场合的的一言一行、一举一动都暴露在光天化日之下。所以说“能见度”也是一个双刃剑，你做得好可以让你的个人品牌名传千里，做得不好也会让你的烂牌子人尽皆知。

很有意思的是，没有什么比我们的名字更有特色和有一致性了，但名字不过就是个符号而已，就像产品的商标一样，不能称之为品牌。我以前在公司里和一个美国的高级副总裁有过几次简单的闲聊。有一次他遇到我老板问起我但又想不起我的名字，就说："嗨！就是你团队里那个 ABC（American Born Chinese）！"我老板一下子就明白他说的是我。合算这位副总裁跟我聊了好几次天儿，压根儿就没记住我的名字，就只记得我人黑牙白英语好了！

2. 推广个人品牌的渠道

个人品牌的推广不仅仅局限于公司内，还要延伸到公司外，甚至行业内外。不管你是做什么工作，处在什么行业，在信息高速流通的今天，你会发现你所在的职场圈子比你想象的小很多。而你的品牌能见度越高，机会就越多。

曾经有一个顶尖猎头公司找到我推荐我做一家咨询公司的合伙人，受宠若惊之余，我问这个猎头是怎么找到我的？他的答案让我很惊讶。他说是在一个亚太政府事务峰会上瞄上我的，当时我在会上举手问了几个问题，他觉得我思路和表达都很清晰。后来我才知道，像他们这种猎头，经常会去一些相关行业会议像星探一样搜寻目标人群。而在此之前我一直以为去参加这样的行业会议是看别人的，从没想过这其实更像是鱼缸里的鱼，你看别人，别人也看你！（微信公众号"有意思教练"，回复"会议"，学会八招参会功略，成为会议达人。回复"个人简介"，学会写一个有水平的个人简介（Bio），打造属于你的个人品牌。）

Tips：建立和推广个人品牌的多重渠道及必备单品

- 建立你的领英档案
- 拍一张拿得出手的职业照
- 加入行业协会、公益组织并成为志愿者
- 参加行业会议，并且尽量争取发言的机会
- 和他人分享你的特长，比如：在相关行业杂志发表文章，写自己的自媒体

在分享经济尤为重要的今天，通过分享你的所知所闻为他人增加价值，将会是推广自己个人品牌的重要渠道。

3. 建立个人品牌就是讲好你的故事的过程

人活着就是讲自己的故事，我们的一生说起来就是一连串故事的组合，有时悲有时喜有时平淡无趣。打造个人品牌不过就是把关于你的信息用故事的形式呈现出来，并且在合适的时候以合适的方式讲给合适的人，并且让听众跟你建立联接产生信任。看看以上打造个人品牌之必备单品，哪一个不是在讲故事？你的简历是故事，你的照片也是故事，你去面试的时候给面试官讲的还是故事。故事让你这个品牌更真实、更有趣、也更能赢得听众的信任，所以建立有效的个人品牌就是讲好自己的故事的过程。（参见“故作高深的人讲道理，真正高深的人讲故事”，深入了解为什么要讲故事以及如何讲好故事。）

如果说讲故事是自我推销的有效工具，那让别人讲你的故事就是自我推销的最高境界了。所谓“口口相传”传的不是产品本身而是关于那个产

品的故事。而建立好的口碑，就是别人把关于你的故事口口相传给他人的过程。别人在你面前说什么不重要，在你身后说什么才重要。你说你是如何有才如何能干，跟别人把你如何有才、如何能干的故事当神话一样传播给别人，其效果是完全不一样的。而真正能做到这一点拼的不光是努力，还有人品。

说到底，好的口碑才是最好的品牌，好的人品才是最好的自我推销。

总结

一个有效的个人品牌应该能充分体现你的价值，并且具有高能见度和高识别度，同时能通过多渠道让人看得见。说到底，建立有效的个人品牌就是讲好自己的故事的过程，把自己的特色和价值用故事的形式讲出来，会更容易让人记得住，信得过。

最后，你和一个出色的个人品牌就差这几步了：

工作出色——让出色的工作成绩成为你个人价值和品牌的一部分。

帮人办事——帮助他人可以让别人更好地看到你的价值。

求人办事——别人需要知道你的价值才能帮你的忙。

保持积极——谁不愿意跟积极阳光的人在一起呢？

办事靠谱——建立好的口碑，谁敢帮着推销一个办事不靠谱的人？

讲好故事——把你的价值和品牌以故事的形式讲出来。

练习：

1. 关于你，有什么非常独特的一点能让别人记得住？

____

2. 如果你是一个产品，请用一句广告词概述你的品牌。

____

3. 如果你为自己拍一个广告片，那来形容你这个品牌的会是一个什么样的故事呢？

____

4. 接下来，你会挖掘或充分利用哪些渠道来推销你的个人品牌？

（1）______________________________

（2）______________________________

（3）______________________________

第五章　如何做到气场强大

一、是的，职场上主要看气场

不是要装，装到你成功，而是要装到你成为！——艾米 · 库迪（哈佛商学院社会心理学教授）

Fake it not until you make it, but until you become it. — Amy Cuddy

每次听到有人用“My English is very poor”来作为跟国外同事开会或讲话的开场白，我都无比抓狂！你说你的英语到底破（poor）不破，你一张嘴别人不就知道了吗？需要事先说明吗？

还有类似“我准备的不好”、“我的想法很不成熟请多指正”等等这种看似谦逊的开场白，让你的气场从一张嘴就大打折扣！而在职场上跟人沟通的时候，尤其是在跟那些职位比你高的人沟通的时候，看的不是气质，而是气场！

是的，职场上主要看气场！

《失落的致富经典》里有一句话说“注意你说的话，不要用气馁的方式提到你自己，以及你的任何事物，因为它正在降低你的振动频率”。你的振动频率就是你的能量场，俗称气场（Charisma）。

1. 气场到底是什么呢?

关于气场的定义真可谓五花八门。有人说它是一种吸引力，具备神秘能量的魔咒，让周围人的注意力不自觉地集中到他身上，不管你干什么别人都会跟随。也有人说它是一种由语言行动思想情感结合在一起构成的能量场，还有人为看似玄妙的气场找到了科学依据，认为气场是基于量子力学中同质相吸、同频共振的科学原理产生的。

我一点儿也不想假装自己懂量子力学，反正越是这种无形的东西越难定义。但不可否认的是，每个人都有气场。而且虽然它看不见摸不着，但气场的高低能被感受到。气场高的人不用刷存在感，因为他们自带电池，能量高，非但他们的存在感能被周围的人感受到，而且还能带动整个场域的能量。

我们在谈气场的时候就像是盲人摸象。有人理解的气场是外形、是气质，有人看到的是那个架势，也有人感受到的是气场强大的人身上的人格魅力。总之，每个人看到的、听到的和感受到的都不太一样，也都没有对错可言。

正因为气场是多层次多维度的，才让如何做到气场强大这个问题和怎样才能成为一个性感的女人一样难回答。 它不是换一件衣服、抹一个口红甚至整容就可以解决的。更复杂的是，气场强大的人自带的光环其实也是自信的一种投射，而这种自信又带来影响力和领导力。所以有时候也很难讲究竟是气场强大的人有领导力，还是有领导力的人更有气场，但可以肯定地讲：气场和领导力形成一个回路[①]。

2. 气场到底是不是天生的?

气场是不是天生的，跟领导力是不是天生的这个问题一样难解。英语

① “The Charisma Myth” by Olivia Fox Cabane 尚无中文版。

里有一句话叫作“Fake it until you make it”，意思是“装，装到你成功！”难道真的靠装出那个劲儿就可以气场强大了吗？说好的做自己，不装不端去哪儿了？咱们看看哈佛商学院社会心理学家艾米·库迪（Amy Cuddy）是怎么说的？

艾米·库迪教授的演讲“用肢体语言重塑你”①是TED上面播放次数最多的演讲之一（3000多万次）。在演讲里，她指出我们的肢体行为也是一种语言，在沟通的时候，我们需要仔细地观察和体会肢体语言给自己以及他人传达的信息。这个演讲中最重要的理论就是“身体会改变心理，心理会改变行为，而行为会改变结果”。

我相信很多人会对此持保留态度。真的吗？难道就靠摆出那个架势来，就有气场了也就跟着有领导力啦？咱们先看看下面的案例再下结论也不迟：

说起诺玛·琼是谁（Norma Jeane）可能没人知道，但如果说玛丽莲·梦露就没人不知道了。这位20世纪最性感的女人，原名诺玛·琼，19岁的时候还是降落伞工厂的一名检验员，后来被星探发现，一举成名。后来她的金发红唇和被风吹起的裙子已成了她的标志，她的气场之庞大在一颦一笑中都体现着。

成名后的一天，诺玛·琼跟她的摄影师走在纽约大街上，她想证明自己可以随意切换成“玛丽莲·梦露”。于是她走进地铁，找了个座位坐下，没有一个人注意到她。她坐了几站，出了站台，溜达到大街上，还是没人搭理她。

然后，她跟摄影师说：“准备好了吗？现在你想见到那个‘她’了吗？”

几分钟之内，摄影师和梦露不得不冲出水泄不通的人群，仓惶地钻进车里。

诺玛·琼怎么就一下子变成玛丽莲·梦露了呢？她不过就是挺起胸，

① “Your body language shapes who you are” by Amy Cuddy, TED演讲

抬起头，拿出来那个明星的架势而已。所以对于刚才的那个观点，现在你有没有新的认知呢?

假设我们承认气场是可以照猫画虎地模仿或学来的，那么接下来我们就看看从能观察到的行为层面，气场强大的人都做了什么是值得我们学习的？这样我们就可以有效地把气场分解落实到可操作的层面。

慢

很多人以为说话声音越大就越有气场，如果真是这样那吵架最有气场了才是。声音大不是重点。慢才是。看过美剧《纸牌屋》的，可以仔细观察一下剧中男主角弗兰西斯·安德伍德说话，他说话不仅慢而且语调多为降调。相反，气场低的人无论说话做事总是看上去忙忙叨叨，慌里慌张的。

定

除了“慢”以外，“定”也是必须的。所谓“定”是指姿态要稳定，目光要坚定，说话要肯定。我明白这个道理也是被骂出来的。

我做政府事务工作的时候经常需要陪公司高管去开会。通常政府领导接见都是坐在新闻联播里常看到的那种围成U型的沙发。人高马大的老外还好说，像我这样短胳膊短腿的，一坐进去就找不到人了。有一次和某市长会见的时候，我屁股坐沙发的边儿上，左右来回动希望能找到更舒服一些的姿势，当时就被老板狠狠地瞪了一眼，回来更是被剋了一顿。而我的这位女老板正是我见过的气场最强大的人。

后来我培训的时候发现很多学员上台演讲或做汇报，还没等站定就开始说话。特别是女同学，站在那儿就不自觉地玩儿头发，摸首饰，这些看似小的地方正是决定我们气场的因素。

张

在动物王国里，动物通过向外伸展自己的身体、占据更大的空间和地盘来传递拥有权力的信息。人类也是一样，仔细观察那些气场强大的人，你会发现他们无论是站还是坐都很伸展。相反，气场低的人，站没站样，坐没坐样，总是缩成一团。

跟人互动的时候，气场高的人会主动采取行动，通过美国总统奥巴马和我们习大大之间的互动就能看出来。两位领导人每次出场都是气场一争高低的时候，谁站在哪边，谁先握了谁的手，谁先拍了对方的肩膀，这些在外交上都是有学问、有看头的。

所以想要气场强大，就要说话慢下来，行动定下来，姿势张开来。但光靠模仿这些姿态、姿势和语气就可以做到气场强大了吗？当然不是，气场更多靠的是人格魅力，所以我一直认为气场不是一个“有没有”的问题，而是一个“是不是”的问题。这也就是为什么在刚才提到的 TED 演讲里，艾米・库迪教授最后总结道：“不是要装，装到你成功，而是要装到你成为！”（Do it not until you make it, but until you become it！）

那接下来我们就看看气场强大的人都有什么样的人格特质？你又如何可以修炼成为这样的人呢？

3. 气场强大的人都有什么样的人格特质？

关注和赞赏他人

气场强大的人从不吝啬对别人的赞赏。所谓赞赏不是拍马屁或者阿谀奉承，而是发自内心，由衷地针对这个人的某个具体行为或特质给出正面反馈。我在做培训的时候，经常会让学员在课程结束时嘉许同组的学习伙伴。大家总是面露难色地问：“啊？要当面讲吗？好难为情啊！”有人甚至说这是一天培训里最难的一部分！但当我真逼着他们去做的时候，你会发现无论是嘉许的和被嘉许的人，都从一开始的尴尬慢慢变成喜笑颜开（即使是腼腆地笑）。被嘉许的人想："天哪？我觉得自己浑身都是臭毛病，可原来在别人心目中，我还有如此闪光之处啊！"瞬间自信心爆棚。而嘉许的人看到对方的反应也会感觉不错。

为什么赞赏和嘉许别人可以让双方的气场都提升，但生活中我们却不经常做呢？一个原因可能是有些人从小就很少被父母赞赏过，所以长大了也不习惯赞赏别人。另外一个更深层的原因是，因为你没有足够多地关注他人，所以你自然也就不知道人家什么地方值得赞赏。

所以气场高的人一个最大的特点就是对他人的关注。这个关注最直接的体现就是他们看你时的目光。我曾经和很多大人物有过面对面的谈话，这一点可以说是让我感受最深的。越是那些气场强大的大人物跟你谈话的时候越是能聚焦在你身上，无论你们的社会地位、财富、职位相差多远，他的目光总能让你觉得当时当下，你是世界上对他来讲最重要的人。相反，那些气场低的人，总是目光游离，东张西望，你跟他说着话一个电话来了，他立刻就接起来，给你的感觉就是你还不如电话里的那个人重要。

气场高的人非但会当面赞赏你，甚至还会当着第三者的面做你的代言人。因为自己吹自己的牛实在太二了，所以如果有人能帮你在他人面前代言，那真是令人万分感激。我的导师 Mark 就是这方面的高手。每次跟他在一起出席活动，在跟别人介绍我的时候他都会说："我来给你介绍一下，这位美丽的女士是高琳，非常能干，也是女性领导力的专家等等"当然后半部分会随着被介绍的对象有所调整，总之他不是给一个空洞的介绍而是时时刻刻在为他人代言。

经常赞赏别人的另一个好处就是当别人赞赏你的时候，你也可以坦然接受，而这也是气场高的一个表现。在这方面我也是经过多年有意识地自我觉察才有所改善的，因为从小父母很少赞赏我，以至于后来听到别人的赞赏，我总是手足无措。就连别人随便说一句“你的项链真好看啊”，我也不能坦然说个谢谢，经常会在后面再加上一句“哦，是吗？嗨，就小摊儿上买的”。这样气馁的话就像文章一开始的例子，瞬间让气场大打折扣。

敢于说“No”

赞扬别人并不代表迎合别人。英语里有一句话叫“go along to get along”，说的就是那些希望靠附和他人而获取认可的行为。但是取悦从来都不能赢得他人真正的尊重和认可，相反，该说“不”的时候说不，不但可以捍卫自己的意见，更可以让你赢得他人的尊重。

气场高的人不随大流，他们敢为人先。因为有足够的安全感，他们不怕别人不喜欢他们，因此也就不怕说出自己的不同观点和感受。他们也有界限感，分得清否定你的观点和否定你这个人是两个完全不同的概念。

敢于展示自己脆弱的一面

光靠装出来的气场很有可能是外强中干，而真正气场强大的人敢于展示自己脆弱的一面，因为他们有勇气承认和接纳自己的不完美。事实上，我们脆弱的一面正是让我们美丽绽放的那一面！

戴安娜王妃的气场之强大就不用说了，但是她之所以如此受人欢迎，并不仅仅因为她的美貌和显赫的王妃背景，还因为她那带着淡淡的忧郁、害羞的眼神。她如此敢于暴露自己脆弱的一面，反而更让普通人能和她产生共鸣。而我们如果都无法与自己的不完美共情，也就更无法与不完美的他人共情。

现实生活中如果仔细观察自己身边那些气场强大的人，你会发现他们经常自黑，而且当问题出现的时候更能勇于承担责任。反而是那些气场低的人说不得碰不得，把自己缩在乌龟壳里保护得紧紧的。

所以说到底，气场跟别人没有半毛钱关系，它就是你和你自己的关系。你越能接纳自己本真的样子，你的气场就越强大。

总结

气场和领导力形成一个回路，而气场这个看上去很虚的概念完全可以落实到具体的行动和行为上。气场强大的人在行动上更定，即姿态稳定、目光坚定、说话肯定。在行为上，他们更加关注他人，敢于说“No”，而且敢于展现自己脆弱的一面，因为他们更能接纳自己的不完美。

说到底，气场不是“有没有”的问题，而是“是不是”的问题。如果你的气场还没有达到你想要的程度，又有什么关系呢？那仅仅证明你还没有成为你想成为的人呢！但是人生如果都完美了，你也已经成了你想要成为的人，那游戏不就结束了吗？

所以下次当你去一个大场面，见到一个大人物，当你内心的小声音又冒出来跟你说：“你也配出现在这儿啊，你也配跟人家大人物说话啊？”请你告诉自己：“要装！不是装到成功而是装到成为！因为我值得！”

▌教练 Q&A：

Q：我平时气场挺高的，可跟气场比我高的人在一起的时候就感觉自己矮三分了。

A：我在培训的时候会问学员，如果你在公司等电梯的时候看到你们公司的老大走过来了，你会说什么？大多数学员都会说我会低头看手机假装没看见，或者溜墙根走去等另一个电梯。研究表明，当看到比自己强大的人，我们动物本能的倾向是把自己变得更小。非但我们不会模仿他们，反而会做和他们相反的事情，比如人家声音越大，你就声音越小。

气场强大的人都是“吸血鬼”，他们总是不自觉地把气场低的人的气场给吸走，使得本来就不高的气场更低。你会感觉到自己越来越渺小，最后渺小到像一粒尘埃一样被风吹来吹去，没人在意你最后落到了哪儿。

想要破这个局，就只有逆向思维。我的建议是跟气场高的人在一起时要主动跟他互动，只有通过互动才能把他的高频传递到你这儿。这就是为什么在开会的时候，我一定会早到，并且选择坐在头几排，这样就能够主动跟台上发言的领导有目光接触。一来混个脸熟，二来就靠跟气场强大的领导目光上的互动，自己的气场也会不自觉地跟着提高。

我在网络上看过一篇文章说，看到气场强大的人可以想象他上厕所的样子，反正他再牛不也得蹲着上厕所吗，也不能飞起来吧！这个偏方与劝人演讲的时候把听众想象成裸体是一个概念，老实讲我不觉得会有什么用。我倒有一个更好的自我教练方法，即透过内容看结构。所谓内容就是我们有的东西，比如金钱、头衔、地位。而结构就是我们的信念和价值观。

气场强大的人也许内容比你多，可他的结构可能跟你的差不多。我们核心的价值观其实也就是那几样，每个人最终追求的都差不多，不过是爱和被爱、喜乐、平和、健康等等。既然如此，你的内容比我的内容多点少点有什么呢？人就是人，大家的结构都差不多，所以又有什么可自卑的呢？

二、在这个说说说不停的时代，真的只有外向的人才能成功吗

用轻柔的方式，你可以震撼这个世界 。——甘地（印度活动家）

In gentle way, you can shake the world. – Mahatma Gandhi

有一次我给国际青年成就组织（Junior Achievement）的校园项目经理做一个领导力培训。面对四十几个来自各高校的精英同学们，我问了一个很简单的问题：“什么样的人让你们觉得特别有领导力，换句话说，领导力的特质有哪些？”

大家七嘴八舌地开始回答：迷人，有魅力，能说，爱社交，开朗，令人追随……

同学们越说我越觉得不大对劲，但一时半会儿也没想出来哪儿不对劲。突然和我同去的“有意思”教练 Hubert 打断了他们：“你们说的都是性格特质（personality），不是领导力特质（leadership character）。”

确实，这些都是性格特质而已，而且还基本上都是外向的性格特质。不知道从什么时候开始，我们的社会开始推崇“外向至上”，而喜欢安静的人却经常被说成“害羞”“孤僻”。美国一位作家苏珊·凯恩（Susan Cain）在她的书《安静：内向性格的力量》里质疑外向和成功的关系。她义愤填膺地指出“人们似乎相信为了被大家认可或是成功，就必须得能说、健谈、爱社交、迷人”。（呃，听起来好熟悉啊！）

《哈佛商业评论》的一项研究表明[①]，96% 的管理者自称为外向。而在另一项调查中，65% 的高管说内向的性格会为成为领导者减分，只有 6%

① “The hidden advantages of quiet bosses” in Harvard Business Review 2010

的人把内向看成为一个优势，就像《哈利·波特》里饰演“小赫敏”的英国女演员艾玛·沃特森说的“好像如果你不是个外向的人，人家就会觉得你哪儿不对劲的样子”。

一句话，大家似乎陷入了一种误区，认为外向的人比内向的人更会社交、更会是好的领导者。可真的是这样吗?

哈佛商学院曾经做过一个实验，在一个小组讨论中，那些相对安静的人提出的主意通常会被忽略。而那些话说得多、说得快的人却给人感觉很聪明。但事实上没有任何证据证明，说话的多少或快慢跟一个人的内在的智商有关。

话虽是这么说，但现实生活中公司就那么点儿资源，谁爱哭，谁哭声大，还哭得有声有色，谁就有奶吃，否则就只能捡剩儿，难怪像苏珊·凯恩说的“大家认为他们必须按照一定的标准，才能被老板赏识和被公司认可。可如果不是因为有内向的人，我们就不会有地心引力、哈利·波特和谷歌了”。更不用提，甘地、林肯这些伟人不都是内向的人吗?

难道世道变了? 在这个说说说不停的时代，难道真的只有外向的人才能成功吗? 内向的人就当真没了活路?

认识我的人 99.95% 都会说我是个外向的人。也许是因为无论中国人、外国人我都能“见人说人话，见鬼说鬼话”，也许是因为我在社交酒会上窜下跳，左右逢源，反正我总是被人贴上外向的标签。

可跟我妈比起来，我从来不觉得自己是个外向的人。她可以和大街上任何一个陌生人聊个没完。有一次，她居然在电话里跟电话诈骗的聊了 40 分钟，把骗子急得抓狂，最后只好挂了。

跟她比起来我，觉得自己更像是那种需要说话才说话的人。我喜欢的运动无论动静都是一个人运动。我享受一边游泳、跑步，一边大脑奔腾的状态，也就只有一个人静下来的时候才能思考，而不思考又怎么知道要说什么呢? 社交酒会? 那真是能不去就不去，如果去了我也是能提前走就提前走。

难道我表里不如一吗？难道我拥有传说中的双重人格？

让我们先来看看外向或内向的定义到底是什么呢？著名的职业性格测试工具 MBTI 里指出“外向的人从和别人的互动中获取能量，而内向的人更多地从自己单独的思考和感受中获取能量”。具体来讲：

性格外向的人，习惯于受外部环境驱动，他们喜欢和很多人在一起并且享受成为人群中的焦点。他们愿意头脑风暴，而且经常边说边想。而当他们独自一人的时候，则会感到百无聊赖。

性格内向的人，更习惯于用来自内部的能量为自己充电。他们更愿意花时间独处，而跟一群人在一起会让他们感到筋疲力尽。在说话之前，他们习惯仔细地思考他们的想法。

尽管多数人认可这种对内向 / 外向的定义，但是沃顿商学院教授亚当・格兰特教授（Adam Grant）在一篇名为《职场中关于内向的五个误区》[①] 的文章中指出：

“广泛的研究表明，这其实是一种误区。内向的人并不讨厌和人打交道，跟别人说话聊天同样带给内向的人能量。这不该有什么大惊小怪的，因为社交是生活的调味品，它满足了人类的最基本需求——归属感。”

但如果不是从哪儿获取能量的区别，那性格内向和外向的人差别到底在哪儿呢？

亚当・格兰特教授的结论是“对刺激的敏感度”。也就是说，如果你是一个性格内向的人，强度过大或过长时间的社交会让你觉得受不了。这时候，内向的人就需要静静地待一会，这样就可以为自己充电了。换句话说，外向的人的“社交电池”（social battery）比较耐用，而内向的人并不是不喜欢社交，只是他们的“社交电池”不怎么耐用而已。

另外，很多时候人们把害羞和内向混为一谈。其实正如心理学家菲

① “5 Myths About Introverts and Extraverts at Work” by Adam Grant in Huffington Post

利普 · 津巴多（Philip Zimbardo）在他的书《害羞心理学》中所说的“害羞是另外一个性格特质”，它指的是当别人让你在情感上感觉受到威胁（emotionally threating）的时候犹豫不决或者很在意自己的行为。因此内向的人不一定就害羞，外向的人也不一定就不害羞，很多时候我们的害羞是“情境式”的，比如去一个社交场合就会害羞。

总而言之，性格的内向和外向和你爱不爱说话，甚至能不能说话没有任何关系。而像我这样的人，心理学上居然还真有一个说法，叫作“两向性格者”（Ambivert），即具有合乎内向和外向之间性格的人。研究表明，外向和内向的人大约各占整个人群的 1/3，而另外的 1/3 则是像我这样居于频谱中间的两向性格者。这种人有什么特性呢？

这种人兼有内向和外向的特点，但没有一个占主导地位。因此他们更平衡，在处理复杂微妙的人际关系中显得更游刃有余。他们不是那些恨不得把你的耳朵说掉的人，也不是那些完全乐于沉默地躲在角落里的人。

《华尔街日报》上一篇《既不是内向也不是外向，你可能是个两向性格者》[①]的文章指出，所谓内向和外向不过是一个频谱，过去的研究太强调频谱的两个极端了，而忽视了中间那拨人。而两向性格者有时候爱社交，有时候爱独处，他们更有可能会是个好的销售员。

这个结论还是基于沃顿商学院的格兰特博士（Adam Grant）做过的一个研究。他为 300 个销售员（男女都有）做了性格测试，然后跟踪他们三个月的销售额。结果表明，两向性格的人比内向的人多 24% 的销售额，但更让人诧异的是，他们比外向的人多 32% 的销售额。（是啊，谁会喜欢那种把你的耳朵说掉的销售员呢？）

尽管外向的人确实比较容易被选为领导者，但他们并不一定比内向的人能成为更好的领导。外向型和内向型领导获得成功的概率持平，

---

① “Not an Introvert, Not an Extrovert? You May Be An Ambivert” by Elizabeth Bernstein from Wall Street Journal

他们带不同类型的员工会产生不同结果，关键在于如何找到正确的相处策略。

刚才提到的《哈佛商业评论》的研究中表明，当员工相对来讲更被动一些、需要领导给方向的时候，外向型的领导带出来的团队比内向型领导产生的利润要高16%。但是，当员工属于积极参与型的，经常愿意针对工作流程提出建议和改进，此时由外向型领导带出来的团队却反而比内向型领导的团队产生的利润低14%。

为什么会是这样呢？研究分析指出外向型领导经常不知不觉就想成为注意力的焦点，在小组讨论中总是占主导，他们的热情和自信能获得很多追随者，但同时也会扼杀那些积极进取型员工的热情。相反，内向型领导更愿意接受建议，这在员工积极为公司发展建言献策时特别有效。

虽然这样的研究总给人以贴标签之嫌，但它确实打破对外向和内向型领导一些固有的认知。事实上，苏珊·凯恩的书《安静：内向性格的力量》出版和同名TED演讲播出之后，更多的人对内向这一性格特质有了了解，甚至承认自己为内向型人的比率都有所增加。

在这个“外向至上”的社会，我们应该尽量保持清醒，不要让任何一种性格特质成为衡量一个人的标准，甚至给别人和自己贴标签。内向和外向不过是一个频谱，每个人在这个频谱上朝哪边偏并不重要，重要的是你能否驾驭两边游摆的程度。

你不需要伪装成另外一个样子，但也不要在任何一种模式中卡着出不来。你只需要灵活机变，随时觉察自己：我现在需要做什么才能让我最快乐或最成功？把内向和外向想成动词，根据情况，看当下什么行为对于目前最有效且有意义而做出相应的“向内转”还是“向外转”的调节。

总结

如果你的老板相对内向，征询他，他也许不爱主动说话，因为他们是那种需要说才说的人，所以给他一个理由说。

如果你的下属相对内向，鼓励他，因为如果你给他一个机会，你会发现他深思熟虑的想法也许比那些边想边说的要更有价值。

如果你的孩子相对内向，欣赏他，不要随便给他贴上“害羞”的标签，更不要强迫他“勇敢”地说话。他不说话的时候也许正是他静静充电的时候。让他以他舒适的方式获取他成长所需要的能量。

如果你的另一半相对内向，珍惜他，他默默地在一旁或许是为了能让你成为焦点。

不管怎么样，在这个说说说不停的时代，并不是只有外向的人才能成功。无论内向，外向，还是两向，这都是性格特质而已。

回到一开始谈到的领导力培训，当同学们意识到这一点，他们接下来说的领导力特质变成：责任感，担当，远见，愿景，合作……而这些才是领导力的关键。

三、为什么我知道开会该发言可就是不敢张口

百分之八十的成功来源于参与。——伍迪 艾伦

80% of success is showing up. – Woody Allen

“我在一个外企上班需要经常和国外的同事开电话会，我知道我应该在会上多发言，可除非我敢肯定我说的是有价值的，否则我就不敢张口。我老板说这样可不行。我也很郁闷！”

确实经常有人跟我诉苦类似的问题。还有人说最让他憋屈的是等好不容易鼓起勇气刚要说，就被会上的印度同事抢去了，而他说的正是自己刚才犹豫不决该不该说的话！明明是自己知道的，却因为不敢表达而成了憋火的炮弹，能不憋屈吗?

如果你也有类似的困惑，我想先邀请你思考以下几个问题：

1. 什么叫作有价值的观点?
2. 你怎么知道你的观点有没有价值?
3. 当会上有人提出一个有争议的论点，你通常是如何反应的?
4. 什么样的会议是高效而有建设性的?

当你想清这些问题的时候，你也许就会意识到在公司里开一个会议，不是为了证明你的观点是多么正确或者显摆你是多么聪明。开会的目的是为了把众多的想法集合在一起，最终得出最好的结论，或勾勒出一个更大的画面。

很多时候最好的方案，很有可能来自于对那些不成熟甚至看上去有点愚蠢的观点进行整合与提炼得出来的。所以即使你的英语并不流利，你的

发言并不完美，但只要是你的真实想法就足够了。从另一个角度想，如果你没有说出你的观点，会议的结论就很可能因为缺少了你的观点而不全面。

因此到底什么才是有价值的观点呢？参与本身就是价值！

也许你会说我们中国人就是谦虚嘛，尤其是和那些说个没完没了的某国人比起来。我倒觉得很多时候谦虚是骄傲的另一种表现而已。英语有句话叫“假谦虚是骄傲的那个漂亮妹妹”，一针见血地指出这个意思。正因为你骄傲，你才觉得你说的什么都必须是脑子里组织好的，是完美呈现的，不完美我就不说了！

也许你是担心自己抛出一个观点，结果被别人打回来，即使你知道人家是“对事不对人”，但还是经常会不自觉地把焦点放到自己这个“人”身上而不是“事”身上。当别人对自己的观点提出质疑或者反对意见的时候，立刻觉得小心灵有受伤的感觉，所以为了保护自己不受伤，有时候就索性选择不说了。

但，这样真的是保护自己吗？还是让你的职业发展更受伤？

我在和外企高管以及人力资源部门的沟通中，经常听到他们抱怨中国员工在会议上不敢于积极发言，以至于总部领导质疑中国员工的能力。这里面当然有英语的问题，但它绝不是全部，更多还是心态上的问题。这个问题就叫“太把自己当回事儿”！其实，我们需要在严肃对待工作的同时不那么严肃地对待自己。

总结

如果你不把自己的“小我”太当回事儿，而是把公司和全局当作关注的焦点，你就不用担心你的英语是否完美，你的观点是否全面，是否无懈可击。你也就可以大胆地表达你的观点了。

想象一下，如果你可以做到这些，你的职业发展又会是怎样的不同呢？

第六章　不会讲还怎么混

一、如何向职位高的人汇报工作

二、故作高深的人讲道理，真正高深的人讲故事

三、领导都讲什么故事

四、真的需要把听众想象成全裸吗

五、如何做出一个有观点且发人深思的演讲

一、如何向职位高的人汇报工作

如果你不能简单说清楚，那就是你还没完全明白！——爱因斯坦

If you can't explain simply, you don't understand it well enough.

– Albert Einstein

有人说，“一生之中，你只有两次是最孤独的：一次是死的时候，一次是向上汇报的时候”[①]。平时给自己的直接老板做汇报对于大多数人来说还是可以对付的，但如果偶尔被更大的大佬们叫去做汇报（Presentation）就没那么容易对付了。

通常来讲，职位越高的人，他们的注意力时间（attention span）越短。根据我的观察，副总裁的注意力可能是3岁小孩的水平（约3分钟），而CEO基本也就1岁小孩的注意力水平。如果1分钟之内你不能抓住他的注意力，你的汇报就基本输给了他的手机或者干脆被打断了。大老板们通常还有如下几个特点：

① 《向上汇报》，（美）弗雷德里克·吉伯特著。

很忙，讨厌别人浪费他们的时间。

很聪明，讨厌别人指使他们。

很爱赢，认为自己永远是对的。

我这样说并不是讽刺他们，如果他们不这样，估计也很难坐到那个位子上。而作为手下，你只能去适应他们的风格，并在有效的时间内直击要点。

回想自己在 20 年的职业生涯里也有 N 多次“濒死”的向上汇报经历，我还没讲完下面坐的老大们已经开始看手机查邮件，交头接耳，我顿时失去了阵脚，接下来更加语无伦次。都说失败是成功之母，可如果每次失败完了不总结学习，下一次还是照老套路去做，那失败生出来的孩子不还是失败吗？所以想要打破这个失败的怪圈就需要重新审视自己的套路。

首先还是回到黄金圈的核心“Why”，为什么我们要给老板做汇报？

1. 为什么要给老板做汇报？

通常我们在工作中向高管的汇报无外乎就是这么几类：日常工作汇报、项目进展汇报、方案陈述、业绩回顾。每次我问学员为什么要做这些汇报的时候，总有人说：“不为什么，就是普通的汇报呗。”其实高管那么忙，怎么会有时间听一个不为什么的汇报呢？不管是什么类型的汇报，即便是日常的工作汇报都有目的，那就是帮助老板做决策。决策不分大小，即便听完你的汇报后什么都不用做也是一个决策。

要知道“一场汇报不是什么个人机遇，或是跟人混个脸熟的地方，你只是去帮助高管完成最佳决策”。《向上汇报》的作者瑞克·吉尔伯特（Frederick Gilbert）在采访了超过 100 位世界一流企业的高管后得出这样的结论。所以汇报的一切都应该是围着他们想要得到的目标，而不是你想要表达或表现什么。你需要充分了解大老板们到底想要听什么，怎么说才是他们能理解的方式，然后有的放矢地准备内容。

可是人就是这样复杂矛盾到可笑。面对大老板们，一方面诚惶诚恐，另一方面又悄悄地希望自己能够一鸣惊人。虽说汇报好了可能成为你的机会，但别忘了这是高管们的会，你是被请来发言的，如果你总是抱着来展示自己的目的来汇报，其结果则通常会适得其反。

2. 什么样的向上汇报会死得很惨?

很多汇报其实输就输在“汇报”这个词上。无数的演讲培训教大家如何成为乔布斯之时都忘了告诉你，你不是乔布斯，向下汇报的那一套并不适用于向上汇报。“汇报”这个词本身就是单向的，而大老板们根本不想被单向地传递信息。如果他们真的在听你讲的话，反而会有很多问题。因此在汇报的时候你需要根据现场发生的情况及时调整你的重点、速度，推动会议的进程，同时倾听他们的意见并及时做出反馈。

但是这些还不是决定汇报是否成功的关键。虽说汇报需要一定的演讲技巧，但汇报不是演讲，如果你说的内容到位，如果你能说到高管们最感兴趣的内容，就算你的演讲风格平淡无奇，也不会死得太惨。死得惨的通常是那些汇报内容没有说到点儿上，或者讲的内容跟高管们完全不在一个频谱上。

那怎么才能了解高管们最感兴趣的内容呢？这就要回到“你还在等着被老板管吗？”那篇文章里讲到的如何深入了解老板的工作目标，并且把自己要讲的内容围绕高管的目标展开，而不是围绕自己做事的流程和思路。这种能够跳出工作细节、站在更高层面想问题的能力就是我们常说的管理层思维，也是职场中区分一个人就是个“干活儿的”还是有领导力潜能的重要标志。

3. 怎么说才能让人听得明白？

多年前在一次公司的员工大会上，美国总部过来的CEO给在座的几千名员工讲话，进入到回答问题的环节了，只见中间排一个男同事站起来接过话筒开始提问。这哥们说了足足有两分钟后，台上的CEO实在忍不住了，打断他问了一个问题：Where is your question？（你的问题在哪儿呢？）

我不知道当时在座的有多少人听出来CEO问的不是“What is your question？”（你的问题是什么）而是“Where”。这一个单词充分体现了他当时如何被这位男同事漫无边际散乱无章的问题给绕懵了，都两分钟过去了，别说问什么了，就连问题在哪儿都不知道。

这中间当然有语言和文化差异的问题，但这并不能解释很多人即使是拿中文做汇报还是让听的人云山雾罩，不知所云。这一个“where”尖锐地点出来了职场上那些口头表达能力差的人究竟差在哪儿？中心思想不清晰，缺乏逻辑和架构！那怎么才能改进呢？

先说结论再说支持结论的观点

每一个汇报都应该有一个结论，这个结论就是整个汇报的中心思想。比如，一个项目进展汇报的中心思想可能是“项目目前进展顺利，各位领导请放心”；一个向高管寻求资源的汇报中心思想是“这个项目目前遇到了困难，为了能接下来顺利进行，需要得到您在人、财、物等方面的支持”。接下来给出具体的原因。

我曾经为中国美国商会面试过一个职位，四个最终候选人都是在中国工作生活多年的美国人，中文讲得都不错，虽然比不上大山的水平，但也基本达到了外企里中高层白领的英文水平。

面试官里就我一个中国人，所以我决定提一个中文的问题，倒不是想要考他们的中文水平，就是想看看这些人在说中文的时候是什么样子。我的问题是个情境式问题，需要他们证明自己拥有很强的和政府沟通的能力。

必须承认，当我看着这些老美一个一个故作镇定，艰难地在脑海里搜肠刮肚地想用什么词来表达，时不时还蹦出来一两个英文，我心里很是有些恶毒地想："呵呵，可算是轮到你们了！这么多年来我们无数中国同胞被你们用英文面试，这下你也知道嘴跟不上脑子是个什么滋味了吧？"

尽管如此，我还是被他们的口头表达能力折服。在这个问题上这四个候选人的回答基本上都是一个路数的，就跟商量好的似的。

这个路数就叫：总—分—总。

总：首先针对问题先给出一个概括性的答案（结论）

分：其次给出一两个具体的例子证明（支持结论的观点）

总：最后综上所述再次点出结论（结论）

所以他们的回答听起来基本是这样的：

总：我很牛（概述）

分：我是如何牛（给出一两个具体例子）

总：我就是很牛（总结）

这样结论先行的回答，即使是操着南腔北调的中文，也让我听得很明白。而且就算我没听明白中间的细节，最起码我记住了第一句和最后一句：我很牛！

大胆地提出你的请求不要兜圈子

先说结论再说支持结论的观点对于很多人来说很难，因为作为我们文化的一部分，大家说话喜欢铺垫，在提出请求的时候更习惯兜圈子，总希望对方能够揣摩出自己到底想要什么。这样的表达方式也许适用于传统的机关单位，但是对于时间和精力都严重匮乏的高管来讲，越是能够勇敢并明确地说出你的请求，清晰地表达出你对各项资源的要求，你的要求被接受的概率就越大。

我见过很多员工跟高管汇报的时候把最重要的信息留到最后，结果还没等自己讲到那段儿，老板就因别的事情走了，留下悔得肠子都青了的员工。所以在和高管汇报的时候，大胆地提出你的请求，不要兜圈子。

为自己的回答设立一个架构

一个高效的汇报会并不意味着是一个听着很累的汇报。如果你的汇报让别人听得特别累，那说明你缺乏把一个复杂的事情讲得简单的能力。

为自己要说的话设立一个架构可以帮助你把一个复杂的概念相对简单化。一个没有架构的陈述会把所有要说的话一股脑倒给听众，好比把一袋豆子倒在听众面前说你们自己数去吧，数完了告诉我什么意思。但是高管们每天要同时操心很多事，当他来听你汇报的时候，很可能是他这一天第 N 个会了，早已经筋疲力尽，你还要他脑子里替你数豆子，难怪他听不进去。

所以为自己要说的话设立一个架构是非常重要的，而且越是当你不知所云的时候，你越需要有一个架构。这一点在向上汇报最后的 Q&A 环节尤为重要。不管老板问你什么问题，只要你的回答超过三句话就都需要有一个架构。

这个架构可以是上面说的“总—分—总”，也可以是数字 1、2、3 或者“首先……其次……最后”。总之有一个架构就像是把刚才那些散着的豆子装到听众脑子里预设的小抽屉里。作为听众，每次只需要理解一个抽屉里的豆子就可以了。这样可以让说的人显得很有思路和逻辑，让听的人听得不累，也容易理解。

为什么提炼一个中心思想就这么难呢？为什么有些人无法为自己要说的话搭建架构呢？因为我们小时候上学光死记硬背了，在学习阅读的时候没有刻意强调这些能力！而这些都是在考验你的逻辑思维能力，即对事物进行观察、比较、分析、综合、抽象、概括、判断、推理的能力，采用科学的逻辑方法、准确而有条理地表达自己思维过程的能力。

拥有这个能力有一个前提，那就是一定要有独立思考能力。如果人云亦云，就不需要观察、比较、分析、思考了，你只需要点头称是膜拜专家就行了。

那如何才能提高口头表达能力呢？答案并不是说更多！说更多的话并不能帮助一个人锻炼和提高口头表达能力，因为表达这事儿跟嘴没太大关系，跟脑子有关系！爱因斯坦说过："如果你不能简单说清楚，那就是你还没完全明白！"所以提炼一个中心思想，为自己的回答设立架构的过程就是帮我们想明白一件事的过程。如果你都懒得想明白，高管们更懒得替你想！

总结

如果你汇报的内容不是高管们想听的，或者总是跟他们不在一个频谱上，那说明你根本没有抓住他们的心，你需要多花些心思充分理解高管们的关注点，并且不是从自己的出发点而是站在他们的战略高度看问题。在表达的时候结论先行，不兜圈子更容易让高管理解你的需求。而为自己的回答提炼一个中心思想，设立一个架构则能帮你把一个复杂的问题简单化。对于这种直击重点、简单明了的向上汇报，高管们一定爱听。

二、故作高深的人讲道理，真正高深的人讲故事

告诉我事实我会学习，告诉我真相我会相信，但讲给我的故事将会永驻我心。——古老的美国原住民谚语

Tell me the facts and I'll learn. Tell me the truth and I'll believe. But tell me a story and it will live in my heart forever. – An old Native American proverb.

18 年前，我在美国读 MBA，将要毕业之时发现像我这样的“三无”人士想要找到合适的工作真是堪比登天。那时候我一没英语，二没经验，三没绿卡，公司如果请我还得给我申请工作签证，那人家放着大把的美国人不要凭什么会要我呢？

好不容易争取到一家五百强企业管理培训生的面试机会，可我心里一点儿也没底儿，想到要面试都喘不上气来，于是就去请教我的学长。他在一年前已经被这家公司录取，是与我同样的职位。

他笑着说：“面试有什么可怕的呀？面试不就是讲故事吗？不会讲故事还敢出来混？”

“什么？讲故事？”这我还是第一次听说！

“对！”他接着说，“你要把故事讲得有声有色，讲到面试官一直在追问你‘那后来呢？后来怎么着了？’”

“后来呢？”这三个字听着耳熟啊！

小时候每次放学回家路上，我妈都会拉着我的手边走边问我学校发生的事儿。每次我刚觉得讲得差不多了，她就掐我的小手指头一下问“后来呢？”，然后我就又得添油加醋地接着讲下面的细节一直讲到她不掐我了

为止。

所以讲故事这事儿我干过啊！

我的学长接着说：“你简历里关于你的每一段经历都要有一个故事来支撑。”

回去我就照着他说的那样去准备，那时我统共也只有三年工作经验，也没几条能拿得出手的经历值得说。尽管如此，我还是挖空心思一条一条地想我有什么故事可以讲，怎么讲。

面试那天，我给面试官讲了一段我在杜邦公司任职的时候有一次如何帮助老板解决问题的小故事。那个问题本身小的不能再小了，不过就是帮老板发个传真，可她把自己住的酒店名字搞错了。结果我一家一家把当地所有的五星级酒店电话打了一溜够，最终找到了老板住的酒店。（这是在有手机和邮件之前远古时期发生的事情。）

我把这个曲折的过程描述得绘声绘色，那个面试官听得津津有味，越听脑袋越往前倾，一直问我：“后来呢？”我当时就心想，看起来有戏的样子哦。果然很快就收到了入职通知书。我记得很清楚是情人节那天，离毕业还有 3 个多月，很多美国同学还没有找到合适的工作。

那是我第一次领悟到讲故事的神奇作用，但那时候我并不知道为什么故事这么有力量。后来步入职场以后我发现那些好的领导都有一个特点，就是都特别会讲故事，不但讲得绘声绘色，还不时抖个包袱让人捧腹大笑，而且级别越高的领导就越会讲故事。

为什么故事这么有力量呢？有什么不是摆事实讲道理就可以实现的呢？

1. 故事的力量

故事记得住

在这个信息爆炸的年代，我们每天要处理的信息很多都是左耳朵进右耳朵出。美国平均每天产生 3000 万张幻灯片，约合 2.5 亿美元的时间成本。这还是十年前的一个统计数字，现在肯定更高。就在你读这段文字的时候，全世界成千上万个幻灯片又诞生了。

想想你小时候父母跟你讲的那些故事，无论是忆苦思甜的还是吹牛皮的故事，可能至今你还能复述出来，说不定还能讲给你的孩子。

而只有记得住的东西才具有传播性。

历史上传播最久也最广泛的故事之一大概就是《圣经》的故事了，以 3.9 亿本傲居世界过去 50 年的书籍销售榜首。想象一下，如果《圣经》只是一条一条的清规戒律，也不可能有如此的传播度。

故事给人更多想象空间并得出自己的结论

回到刚才面试的例子，面试官看的不仅仅是你的能力更是你的潜力。如果你光说你的成绩有多好，别人可以就此判断你的能力但无从判断你的潜力。

但如果你能把你的经历讲成一个故事，那就为面试官创造了想象的空间。好比我讲的那个发传真的故事，面试官听的时候可能就在想："嗯，如果这姑娘在小事儿上这么认真负责，那将来也很有可能在其他更大的工作上认真负责。" 而且这个结论是他自己得出来的，不是我说的。反过来想想我们是不是看过很多简历上写着"努力，认真，好学，负责，性格好，有团队精神"？这些苍白无力的表白说了跟没说一样。

所以说故事讲得越好，想象的空间就越大。而自己得出来的结论永远比别人告诉的要令人信服，因为我们每个人信自己的判断都多过于信别人的表白。

故事能激发出情感和感受

回想一下，你什么时候开完会后会对刚才看到的 PPT 赞不绝口？如果光靠 PPT 就能够激励别人、赢得信任、获取支持的话，那我们只需要把 PPT 打印出来发给别人就行了。图表数据固然重要，但再多的数据也无法激发出情感和感受，而没有感受是很难有行动的。（No emotion, no action.）

最后，为什么故事有力量呢？因为故事有意思呗！你见过哪个孩子睡觉前会央求爸爸妈妈说“你能不能给我看个 PPT”啊？而有意思的内容才让人想听啊！

2. 怎么才能讲好一个故事

既然人活着就是讲故事那应该人人都会讲故事了？确实，但并不是人人都能讲好。故事可以很简单，一句话也可以是一个故事，但简单的东西并不一定容易。首先阅历成就人生，能讲出好故事的人一定是自己本身有故事的人。没有生活的阅历，没有对自己和他人情感的认知和敏感，是很难讲出绘声绘色的故事的。所以自古会讲故事的人不仅情商高，而且大都多愁善感甚至神经兮兮的。海明威就说过当作家要有一个不幸的童年。

因此，讲出好故事的第一个要素就是要用心去感受生活的酸甜苦辣，尤其是那些负面感受。因为关于自己的故事是最容易讲的，而讲自己失败的故事永远比讲自己如何是大凤凰的故事更能打动人也更搞笑。2001 年，世界演讲冠军 Craig Valentine 在他的课上曾经说过的一句话让我记忆犹新。他说“Failure is funny when it happened to other people”。是的，失败可以是很搞笑的……当它发生在别人身上！

也因此真正内心强大的领导不是自嗨的领导，而是勇于自黑的领导。奥巴马就是一个自黑高手，看他每年的白宫记者答谢晚宴就知道，从自己的出身到支持率到怕老婆，他能秒间从总统变身段子手的本事实在让人膜拜。

第二个要素是，能讲出好故事需要技巧。从古至今，不管哪个国家的故事，童话小说也好武侠故事也好，都大同小异。每个故事都有这么几个元素：

人物（Character）
背景（Context）
冲突（Conflict）
高潮（Climax）
对话（Conversation）
结论（Conclusion）

这里面有几点特别值得注意的：

背景

很多人讲故事的时候，关于背景的铺垫不是太多就是太少。太多的背景显得啰嗦，半天都不能切入主题，容易让听众走神。但如果背景铺垫得太少，也不能为后面的情节发展做好充分的准备。所以背景的铺垫要不多不少正合适才行。那多少才是合适呢？好莱坞剧作家克里斯托弗·沃格勒[①]在总结了上百部好莱坞电影后指出，15%是一个相对不多不少的比例，

① "The Hero's 2 Journeys" by Michael Hauge and Christopher Vogler. 有声书，尚无中文版。

即电影开始前 20 分钟通常是用来铺垫背景的。在讲故事的时候，这个原则也可以用来参考。

冲突

试想一下如果《功夫熊猫》的剧情是这样的：阿宝想要学习功夫，然后他出门拜到了师父，然后他学习了一身本领最后打败了敌人!

这种电影你还要看吗？退票！退票!

这样的故事之所以听起来索然无味，是因为它没有矛盾和冲突（Conflict）。阿宝想学功夫是一个需要解决的问题，而电影里围绕着这个问题有很多冲突。所以好的故事一定有矛盾，而且故事的展开靠的是冲突的不断升级。所有这些都是为了一个目的：激发听众和读者的好奇心，让他们一直追问“后来呢？”。

我们在职场上的沟通，无论对内对外大部分也是为了解决一个问题，或者针对某件事情做出一个决定。而这个决定之所以难做，肯定是资源（人、钱）、时间、质量这几者之间有冲突。冲突越厉害，决定就越难做。如果什么矛盾都没有，你拥有无限的资源，想干什么就干什么，你要什么老板都给什么，那为什么还要开会讨论呢？就直接该怎么办就怎么办不就完了吗？

所有新产品广告都是一个制造矛盾的过程。如果客户的需求都已经被满足了，那还需要你的产品 / 服务干什么呢？一定是客户想要的和市场现有的之间有差距才为一个新产品 / 服务的诞生提供合理性。

所以没有矛盾就没有悬念，没有悬念就没有意思，也就没有“后来呢？”，然后你的观点、建议、新产品、新项目也就没后来了……

中心思想要明确

故事的中心思想如果不明确，会有两个问题：第一，你在选取素材的时候，会难以取舍或者跑偏，因为所有的素材都应该是支持这个中心思想的。第二，如果故事中心思想不明确，每个人听完很有可能得出完全不同的结论。如果是个电影也就算了，但如果是给老板或客户讲故事，那听众对你想要传达的观点的理解就会有偏差。因此一个中心思想混乱的故事无法说服他人。

这就是为什么有意思教练在帮助企业高管准备一个给客户或员工的重要演讲时，都会让他先写或讲一小段关于这个演讲或汇报的概述。别小看这么一段概述，很多人就写不出来，因为他们根本就没想清。一个故事没有一个明确的中心思想，逻辑也不可能清晰，听众就无法得到你想让他们得到的点。

总结

学会讲故事，而不是干巴巴地罗列数据、说一些陈辞滥调的大道理，会让你的职场沟通更让人印象深刻也更有说服力，因为故事有力量！所以如果你想要让你讲的内容记得住，信得过，那么就从学习和练习讲故事开始吧！而讲好一个故事的关键在于是否有一个清晰的中心思想，并且能够围绕这条主线展开矛盾和逐渐升级冲突，这样的故事听起来才有意思，讲了才有意义。

三、领导都讲什么故事

每个好领导都是讲故事能手。——霍华德·加德纳（世界著名发展和认知心理学家，哈佛大学心理学教授）

Every great leader is a great storyteller. – Howard Garner, Harvard psychologist

“每个好领导都是讲故事能手”这句话没错，但反过来说，并不是每一个领导都会讲故事。上一篇文章我们领略到了故事的力量，但为什么领导特别需要讲故事呢？

回答这个问题我们就得先看看领导到底是做什么的？作为领导其最重要的任务就是为公司和团队制定愿景（Vision），即描绘未来的发展方向，俗称画“大饼”。“大饼”画得好不好直接决定员工对于公司未来的方向是否清晰，是否有足够的动力为之努力。一个画得好的“大饼”不但能让客户、投资者和合作伙伴对企业有更为清晰的认识，还能激发员工形成强烈的凝聚力和向心力。

那么一个好的“大饼”应该是什么样的呢？我想它应该有以下几个特点：

有想象的空间

首先，一个好的愿景要提供足够的想象空间，为什么愿景需要有想象空间呢？因为投资人更关注未来公司发展前景的美好预期。从这个角度来讲，“我们要实现营业额￥￥￥”这样的愿景看似S.M.A.R.T，即具体（Specific）、可衡量（Measurable）、可实现（Attainable）、有现实性（Realistic）和时效性（Time bound），但有后劲不足之嫌。当公司营业额达到了目标以后又该何去何从呢？而后劲无论对于个人还是组织、对于投资者还是员工都是至关重要的。

有意义

这里所说的意义指的是公司存在的意义和员工工作的意义。

公司存在的意义就是一个公司的使命和愿景。迪斯尼的使命是“让人们快乐”。是的，就这么简单！“Make people happy”就是迪斯尼的愿景。阿里巴巴之所以存在是因为要“帮助小企业”，所以马云要是画“大饼”就要让人能看出这个意义。

很多领导画的“大饼”在公司愿景层面还是很光鲜诱人的，却忽视了对员工层面的关注。

可是想要让员工对你画的“大饼”做出承诺的前提是，他需要知道自己在那张“饼”上的位置。所以“大饼”的作用不光定义了组织要做什么，一张好的“大饼”更需要帮助员工在这张饼上找到自己的角色和他们工作的意义，而且思考“饼大了以后对我有什么影响？”甚至“我怎么能帮着把“饼”做得更大？”。“大饼”要能画到这种内外兼顾的程度才算有水平。

有一个流传很广的关于美国前总统肯尼迪的传奇故事，说的是在美国首次登月准备阶段，肯尼迪曾经去美国航空航天局（NASA）访问。其间去洗手间时，他看见一位男士正在那里拖地板。肯尼迪向他报以微笑，感谢他把房间打扫得这样干净。那个男人马上回答到：“不，先生，我不是在拖地板，我是在帮助我们登月。”深受感动的肯尼迪将这个故事分享给了其他人，这个故事迅速火了起来。NASA 的领导一定是画大饼专家才能帮助组织里各个层级的人，不管是宇宙飞行器工程师还是拖地板的清洁工，都能找到其背后那份比自己工作本身更宏大的意义。而作为领导，最重要的责任之一就是帮助员工找到那份意义并让它保持持久。

至于像“打败竞争对手，成为市场第一！”这样以假想敌为标杆的愿景呢？《企业神话与传说》的作者、美国组织行为学家佩吉·纽豪瑟（Peg Neuhauser）[①]早在20年前就说过“光靠口诛笔伐竞争对手并不足以激发经得起时间考验的愿景，更不能点燃众多员工的热情和让他们做出承诺”。

具有可信性

“大饼”画得再光鲜，但如果让人觉得不信服也不行。佩吉·纽豪瑟针对故事的有效性做过一项调查。她将商学院的学生分成三组，就一个加州葡萄酒庄园的案例让学生讨论是应该保留传统的制造方法还是采用新方法。第一组给了一段故事讲葡萄酒是如何通过传统制作方法酿成的，故事的结尾是庄园主举着酒杯说“我的父亲如果看到会感到非常骄傲”。第二组给了传统制作相关的统计数字以及如何能够减少成本和时间的新方法。第三组则给了数据和故事。结果第一组多数学生相信应该保留传统的制造方法，而另两组则多持保留态度。

你也许会认为既有故事又有数据不是很好吗？但事实上得到信息最多的小组意见最不一致，而当事后问到关于这个案例都记住了哪些信息，结果是只有第一组记得故事的结论，其他几组都记不得具体的数据了。为什么会这样呢？美国著名认知心理学家杰罗姆·布鲁纳（Jerome Bruner）的研究表明，数据如果是故事的一部分会比单独呈现更容易被记住20倍！[②]

这个案例说明相比起干巴巴的说教，故事让大家得出自己的结论，但这个结论又有一定的一致性，而且故事更容易记住。而当别人把你的故事，当作他自己的故事并且还不断地讲给别人的时候，他对你故事里

① “Corporate legends and lore” by Peg Neuhause，尚无中文译本。

② “Acts of meaning” by Jerome Bruner，尚无中文译本。

要传递的思想就有着近乎于信仰的信任[①]。这种力量会一直存在于他们，以至于下次你都不需要重新讲一遍这个故事，你只需要提醒一下大家那个故事就行。这就是故事的力量，也就是为什么领导需要的是讲故事的高手。

那么一个领导经常需要讲什么样的故事呢？总结起来，其实就是传达室大爷的那几个问题：

1. 你是谁？（Who are you？）
2. 你来干嘛？（Why are you here？）
3. 你要去哪儿？（Where are you going？）

领导力大师沃伦·本尼斯（Warren Bennis）讲过“领导者扮演着剧作家、制片人和导演的多重角色”。而马云无疑是这几种角色兼顾且最成功的人之一。从阿里巴巴创建伊始，马云就围绕着“帮助小企业”这个故事讲，一直讲到2013年赴美上市。尽管马云和阿里巴巴在中国家喻户晓，但大多数美国人包括投资人对他和阿里并不是很了解，所以在上市的宣传片里讲什么故事，如何讲故事对于潜在投资者意义非凡。下面是2013年阿里巴巴赴美上市路演宣传片摘选，咱们拆解一下看看故事大王马云是怎么围绕着“解放小企业生产力”讲上面三个故事的。

① “Lead with a Story - A Guide to Crafting Business Narratives That Captivate, Convince and Inspire” by Paul Smith，中文版《故事的魅力》。

案例：阿里巴巴——“解放小企业生产力”的故事

a）我是谁？（Who am I?）

“大家好，我是马云，阿里巴巴集团的创始人和董事会主席。15 年前，在我的公寓里，18 位创始人有了一个梦。这个梦想就是，在某一天我们能够创立一个为成千上万小企业主服务的公司。这个梦想，从始至终都没有改变过，让天下没有难做的生意。

“在阿里巴巴，我们为一些小的生意人奋斗，和他们的客户在不懈努力。其实，我们的目标非常简单：能够帮助商家和客户找到彼此，并按照他们独特的需求方式来开展服务。我们帮助这些小生意人成长，创造出前所未有的工作机会，开拓出崭新的市场。”

这开始的一段点出了马云的角色、阿里的历史、阿里的合伙人制度，最重要的是他说出了阿里的愿景和使命、它存在的意义、为谁服务的、提供什么样的服务。

b）我来干嘛？（Why am I here？）

“如今，15 年过去了。我们在中国已经成了一个家喻户晓的名字。现在，我们也已经准备好让全世界来认识我们。”

接下来单刀直入，我们今天来就是来让你们为我们做的事儿买单的！“让全世界来认识我们”只是一种委婉的说法，马云深知要钱也得要的含蓄点儿啊，再说了不认识能给钱吗？

c）我们要去哪儿？（Wherc are we going ?）

“阿里巴巴已经走过了一段不短的旅程，要让阿里巴巴成为一家持续发展 102 年的企业，还有 87 年的时间需要我们努力。我们深知，今天很不易，明天更加困难，但是未来是无限美好的。因此，我们必须更加努力，才能够在未来的漫漫征程中赢得胜利。”

很简单，阿里要成为一家百年老店并且将为此目标而努力。我个人理解这段故事背后还有另一层更深的意思。一家百年老店通常不但代表着很高的质量标准，也代表着很高的企业道德标准。华尔街对中国公司的商业合规有担心，所以马云这么说意在传递阿里的企业道德标准很高，是禁得起时间考验的。

d）我们打算怎么去？（ How are we getting there ?）

“稍后，您将听到我们公司商业上经营的细节。不过，首先让我带您开启一段走遍中国的旅程，让我们透过一些真实的人们以及他们的真事，看看阿里巴巴对他们产生了什么影响。”

这一段是故事里套故事，也是很常见的手法。之所以拿真人真事来说，为的是让观众产生情感联结。同时通过分享以往的成功案例帮助观众透过过去的成功预测未来的精彩。

能把前三个故事都讲好就已经很不容易了，但是如果遇到一个认真负责的传达室大爷，他还会问你：“你打算怎么去啊？”这就又落实到了行动计划层面。因为作为领导光画“大饼”肯定不行，还要给出具体的方向，激发员工朝着“大饼”中指出的方向去努力，把“饼”从画变成现实。当然进了门以后还有很多其他的故事等着领导，比如对外你要把你的产品服务卖给客户，对内你要激励员工，带领他们面对变化，你要招人，你要裁人，每一次又都是一个讲故事的过程。

哈佛大学商学院教授约翰 · 科特（John Kotter）是组织变革管理领域的专家。我曾主持过他在北京的一次关于变革管理的研习会。他在研究许多组织变革以后得出结论："企业的核心问题不是策略、组织结构、文化或系统而是难以改变人们的行为。"[①] 科特教授的洞察是"当你能打动人们的心、影响他们的情绪时，最能有效地改变他们的行为"。而故事正是打动人们和影响情绪的最好方式，还是那句话——没有心动就没有行动。

总结

叙述是人类认知构成中的一项基本要素。正如语言和认知学家马克 · 特纳（Mark Turner）所言："讲故事是一种叙事性的想象（Narrative imagination）也是我们形成思想的基本方法。推理能力的培养也以它为基础。它还是我们展望未来、预测、规划和解释的主要方法。"[②] 而作为一位领导，展望未来、预测、规划和解释不正是其主要工作吗？所以想要当一个好的领导势必要先成为一个讲故事能手！

① "The heart of change" by John Kotter，中文版《变革之心》。

② "The literacy mind" by Mark Turner，尚无中文版。

练习：

1. 为“我是谁”的故事设计一个场景并练习。比如你即将面试一个新工作，你需要为面试官讲“我是谁”这个故事，你打算怎么讲？

2. 假设你明天就会被提升为带领团队的领导，你会怎么跟下属讲你对于团队的价值，或者说你会怎么讲“我来干什么”的故事？

3. 接着上面的场景，你接下来又会如何跟你的团队解释未来的方向，即“我们要去哪儿？”

四、真的需要把听众想象成全裸吗

把工作当回事儿，但别把自己当回事儿。——克林特·伊斯特伍德（美国演员 / 导演）

Take your work seriously but don't take yourself seriously.

– Clint Eastwood

还记得我在美国的第一份工作，第一次站在很多大老板面前做 Presentation 之前，有个好心人给了我一个偏方说保证在台上不紧张，叫作 imagine your audience being naked（想象你的观众都是全裸的）。那天站在台上，看着台下挺着啤酒肚的大老板们，我的想象力刚刚发挥一下就把自己吓回来了，确切地说是恶心回来了。

你是不是每次上台演讲也都很紧张呢？口舌发干，胃里像有上百只蝴蝶在噗噗乱飞？如果把听众想象成全裸这招没用，还有其他什么好方法呢？上一次我在 TEDx 做完演讲下来的时候，一个朋友问我说你紧张吗？我说当然啦，腿肚子直转筋！她说“我怎么没看出来”。是啊，让你看出来不就糟了！ 其实有经验的演讲者和没经验的差别并不在于是否紧张，而在于你能否将紧张转化成正向力量。事实上，至今我还真没见过哪个人在公众面前演讲完全不紧张的，唯一有一种情况那就是你完全不在乎结果。但凡你在乎就会紧张，所以我的演讲教练曾经跟我说过“不是不让你胃里的蝴蝶飞来飞去，而是让它朝一个方向飞”。

怎么才能不让你的蝴蝶乱飞呢？下面几个自愈系的方法也许可以帮你从另一个角度看这个问题，希望对你有启发。

1. 你不是主角

多年前，我在公司主持一场关于多元化和女性领导力的活动。虽说观众都是公司内部同事，但小五百人的场面还是让人难免紧张，更别提演讲嘉宾都是业界响当当的人物，比如洪晃、当当网的俞渝、李亦非，还有好几位重要领导和客户。活动那天早上，我在衣柜里翻来翻去也不知道穿什么，这么多大腕级人物，我一个 nobody 怎么能不紧张？看我心神不宁地在衣橱里捣腾，我老公很不解地扔过来一句“人家今天是来看嘉宾的又不是来看你的，你紧张什么呀。”这话听起来不招人待见，但确实有道理。

也就我把自己当主角，对于别人来说我不过就是这场节目的一个包装盒，大家只在乎盒子里面的东西并不在乎那个盒子长什么样，而我的任务仅仅在于把盒子里的东西以最好的方式呈现出来给观众。既然如此我又何必这般自作多情？作为一个演讲者，你不过就是一个载体，如果你能把关注点从自己身上转换到你承载的信息身上，你自然就不会那么紧张了。

2. 你只是自己的主旋律

我对 KTV 兴趣一般，尤其在麦霸面前，更觉得自己那点儿水平就别拿出来现眼了，省得人家笑话。有一次我正难为情地在台上唱着，忍不住偷偷扫了一眼下面的人，发现大家该吃的吃，该喝的喝，该聊天的聊天，除了我之外似乎并没有一个人在意我唱得是不是好。

那一刻我突然意识到，我们的人生即使再动听，也只有我们自己把它当成主旋律，而对于别人来讲我们的人生不过是他们世界里的背景音乐，再美妙，也只是背景而已，停了都没人注意到。

所以与其小心翼翼地活着，担心别人怎么看你，还不如扯开脖子放心大胆地歌唱你的人生。其实唱得好不好，讲得好不好，除了你之外谁又真正在意呢？

3. 把观众想象成拉拉队员

后来我参加了 Toastmasters 国际演讲俱乐部，时间长了我发现一个有趣的现象。每当台上有人忘词、打磕巴、目光扑朔、紧张发抖等种种失态状时，坐在下面的人不管跟这个人认识不认识，熟不熟悉，都如坐针毡般的别扭难受，恨不能演讲的人能赶快恢复状态。所谓的感同身受大概就是这么回事儿。

这让我意识到，大多数情况下你的观众希望你做得好，不管是出于善意的原因，还是仅仅满足他们自己的秩序感。即便是陌生人，也希望你在台上有一个出色的表现，没有人是抱着看你笑话的目的而来的。

既然如此何必把台下的人都想象成裸体呢？还不如把他们都想象成你的拉拉队员。尤其是如果你要参加一个活动，在前排你能看见的地方安排一两个你的朋友，在演讲的时候如果他们能给你一些鼓励的眼神就最好啦！

4. 你只不过是个包装盒

有一次公司年会把所有员工和家属都请来了，加起来差不多 6000 人，并且大手笔地把奥体中心的国家体育馆给包下来了，还请来了张靓颖、郭德纲和水木年华等明星，场面堪比二三线城市的春晚。

那天我和一个男同事搭档主持节目，我俩早早就坐在化妆室等着化妆，过了好一会儿一工作人员探头问我们是干嘛的，边问边指了指门上贴的纸，上面赫然写着三个字“张靓颖”，原来我们误入了人家的御用化妆室。

眼看节目快开始了，我俩一路小跑到体育场另一头的群众演员化妆室。化妆师正热火朝天地给各位老板们穿戴打扮成各种超级英雄。等我们好不容易化完妆从一堆唐僧、蜘蛛侠、孙悟空中间杀出去，冲回到舞台前的时候，导演两眼冒火地大骂“你们俩跑哪儿去了？音乐都响了，主持人还不到位”。

本来就紧张，这一赶更紧张了。当我拎着坠地长裙假装优雅地走上舞台，我能感觉自己的心都快蹦出来了。

总算强撑着走到舞台中央还没至于晕过去，刺眼的镁光灯之下我强睁开被假睫毛粘的不舒服的眼睛环顾四周，发现之前学的什么和观众保持目光接触此时根本就没有用了。6000 人的体育馆，人就像密密麻麻的蚂蚁，除了内场坐着的几位公司领导，其他人的脸我一概看不清！

有那么一霎那间，我感觉周围好像一切都停止了，没有音乐，没有任何声音，我唯一能听到的就是自己的腿在长裙里面发抖，腿和腿撞击的声音。我深呼了一口气，告诉自己：“今天没人是来看你的，大家是来看这场节目的，你就是一个背景。人们都是善意的，并没人想要看你出丑。但同时你也真的不重要，你就是一个包装盒，包装盒里的节目才重要。所以忘掉你自己吧，聚焦于节目，下一句台词是？”对，台词什么来着？我回过神，看了一眼手卡，伴随着音乐再次响起说出了第一句台词。

总结

上台发言和演讲紧张的根本原因在于我们太把自己当回事儿了，其实对于别人来讲，我们只不过就是个包装盒，大家只在意盒子里面的东西。无论是你演讲的故事，还是给老板做的汇报，亦或是你创业的产品和服务。你的成败对于别人来讲仅仅是沧海一粟间的背景音乐。尽管如此，多数人是善意的，希望你做得好（但不希望被你想成全裸！）。

所以一个紧张的你和自信的你中间就只隔着一个家伙，那就是你的ego（小我）。只要你能将你的小我抽身出来，专注于盒子里的东西：你要讲的内容，你要做的事儿，其他的谁真的在乎啊？

五、如何做出一个有观点且发人深思的演讲

通常我需要三个星期才能准备好一个即兴演讲。——马克·吐温（美国著名作家）

It usually takes me more than three weeks to prepare a good impromptu speech. – Mark Twain

“为什么成功人士多为拖延症患者？”的 TEDx 演讲两个多月之内被近 20 万人传看，成为腾讯视频上观看最多的 TEDx 英文演讲之一，还被收录为精选，实在是我没想到的。这个演讲不过就是北京顺义国际学校高中生组织的一场 TEDx，离高大上的 TED 差得八丈远。而之所以从头至尾我一直戳在那儿没敢动，是因为简陋的单机拍摄，一动就出镜头了。

可就这么一个简单制作的演讲为什么还有那么多人看呢？我猜想这看的人中间 1/3 是真有拖延症，1/3 就是想证明自己是成功人士，还有 1/3 是在学习英语或者演讲。针对这最后 1/3 的人，就聊聊怎么才能做一个有观点且发人深思的演讲。

如果在生活中你也需要去公开分享一些观点，激励他人做出改变，我相信这篇文章会对你有帮助。

1. 选题

TED 代表 Technology, Entertainment, Design，即技术、娱乐、设计。TEDx 虽然规模比较小但其宗旨和 TED 一样，即“18 分钟改变世界”。

对于一个演讲者来讲，最重要也是最难的莫过于选题。但 TED 和 TEDx 的定位“值得传播的观点”（Ideas Worth Spreading），不但帮我聚焦，同时也建立了标准。首先什么叫作观点？观点不是鸡汤也不是鸡血，那是抒情和煽情。观点是针对一个问题具有一定思想性的见解并能给听众以收获。而且光有观点还不够，还要值得传播。有收获本身并不足以让人有想要和别人分享的冲动，还必须要有感触才行，因此需要的是一个能让听众感同身受的话题。

和很多人一样，我从前也一直认为要有绚丽的人生亮瞎眼的履历才能讲出（写出）值得别人听或者看的内容。但如果你看过 TED 演讲，你会发现什么人都可以上去讲，就只有一条：要有一个好的观点还要有一定的思想性和独特性，并且有非常强烈的欲望去分享你的观点。

《TED 演讲的秘密》里面讲到分享的目的是什么？无外乎三种：教育（To educate），娱乐（To entertain），激励（To inspire）。好的 TED 演讲基本都会是以上三点的结合。注意这里没有一个角色叫“自嗨者”，而这正是很多演讲者犯的错误。我认为一个人的情商和他自嗨的程度成反比。情商越高的人越能理解这世界上的其他人不是生来为你点赞的。

有人说，我没吃过猪肉总见过猪跑吧，TED 演讲我看多了，演讲不就是讲故事吗？所以我打算讲一个自己的故事。讲自己的故事可不可以呢？当然可以，但是谨记：少谈成功，多谈失败。

为什么呢？我先讲个自己的故事：

有一次，我穿着新买的一身粉色连衣裙，正自我感觉良好地走在公司的食堂里。突然鞋跟卡在地板上了，我咵叽一下就狗啃泥摔在地上。搁一般人就赶快爬起来走吧，可我却在地上多停留了几秒。就在那几秒钟，我有了新的发现。我发现人趴在地上看到的世界和平时是不一样的。因为角度不同所以平时很多看不到的地方，这时候反而看到了。那一刻，我突然意识到失败可以是很棒的经历，而没有趴在地上看过世界的不足以谈人生。

可很多人的演讲都喜欢高谈阔论自己是如何成功的，这样的演讲除了让别人觉得你是个大凤凰以外，不会为别人带来任何价值。然而如果你能够把失败给你带来的思考，或者你是如何从乌鸦变凤凰的过程分享出来，那才是对他人真正有价值的内容。

这种思考来自于什么呢？就来自于你摔倒了趴在地上的观察和感受。只是大部分人失败了只想着怎么才能尽快逃出困境，而我不过是在地上多趴了会儿，多咂摸了咂摸感受，琢磨了琢磨为什么，然后爬起来以后讲出来了，仅此而已。

因此说起来，你并不需要绚丽的人生和亮瞎眼的履历才能激励他人，你只需要好好咂摸你的成功和失败。

成功时候的咂摸叫感恩，失败时候的咂摸叫反思。琢磨为什么叫总结，讲出来就是演讲，写出来就是文章了。

所以如果你总觉得自己没什么可写的、可讲的，那不是因为你的生活不够精彩，只能说你日子过得狼吞虎咽。

2. 关于英语

以前，我曾经很热衷于分享我是怎么学英语的，后来我发现以现在的信息流通程度，任何一个想要学好英语的人都没有理由学不好！学不好的只有一条理由，那就是觉得它并不重要，起码不比生活中其他事情更重要。既然如此我又何必上赶着教人家呢？

关于学英语，我只想跟大家分享一个观点。很多年来，我一直有一种负疚感，觉得我在公司爬得高窜得快并不是因为我有什么真本事而是因为我英语好，好像我就是个大骗子，总有一天会被人发现。我不知道这种负疚感从何而来，但它伴随了我很久。直到我读博士的时候看到学术界有两个流派：一个认为语言反映现实，另一个认为语言创造现实。我坚定不移地选择了语言创造现实这一观点，从此再不负疚了。

当你熟练地掌握一门语言的时候，它为你打开一扇窗，让你看到不同的世界，而由此获得的信息和知识滋养了你的思想，增强了能力，拓宽了格局，最终为你创造了新的现实。这就是为什么我们需要学好英语（或者任何一种外语）。

就像我在演讲中说的，如果你知道“Why”，那你自然就知道该怎么去做了（What），不用我废话了。

3. 关于互动

演讲从来就不是单向的，一个好的演讲就像是跟听众聊天，互动是非常必要的。只是互动太多比没有互动还要糟糕，尤其是反复让听众举手其实挺招人烦的，特别是当听众和你没有更深层的联结时。

其实最深层的互动不是形式上的，而是思想上。如果你讲的内容特别深入人心好像说出了他们的心里话，那人家自然就会跟你产生思想甚至精神层面的互动。我在演讲里剖析了拖延症患者为自己找的各种借口，下来以后就有一老外跟我说：“我听到一半就已经开始想，哦，我不喜欢你这个演讲，我讨厌死你了！为什么你要把我的问题都揭露出来还说得入木三分？”这种被说中了的感觉就是“共鸣”。

幽默也是创造互动的好方式，一个全程无尿点的演讲不可能无笑点。比如一开始连续三次“你知道，中国父母就是这样子”，包括中间讲到总有人给出“Just do it”这样的建议也引起了共鸣，废话！我要是能做到我不早就做了吗？

但幽默不是为了搞笑而搞笑，更不是让你去咯吱听众那么low。英国著名诗人威廉·柯林斯（William Collins）曾经说过：“我认为幽默是一件严肃的事情。我用它来减弱读者的戒心，这样我就可以更轻松地带他们走得更远。”

这句话非常精辟地点出幽默在一个演讲中的作用。一个好的幽默，不是哗众取宠地抖机灵，而是让听众更想听你想要传递的内容和观点（前提是你要有观点！）。

4. 最后：练习，练习，练习

小时候我妈跟我说过，游泳淹死的人很多都是那些会游泳的，因为不会游泳的人不敢轻易下水而会游泳的人总觉得自己会两下子，所以不在意，但真跳进水里才发现自己的水平还经不起风浪。

我就属于这样会游两下子泳的，仗着自己有几分演讲的天赋，很少认真准备，通常都是第二天演讲，头天晚上还在改稿。这样跳到水里溺死过几次就学乖了，也越来越相信只有认真准备才是对每一个听众的尊重。况且这次演讲是在我儿子所在的学校，如果演砸了我就再没脸去开家长会了。所以我提前三个星期就写好了逐字稿，并且分别找了三个不同的Toastmasters 演讲俱乐部练习。比起当年俞敏洪拿街边垃圾桶练习演讲，我是幸运的，拿活人练习的好处是可以给我以真实的反馈，并且有机会根据反馈调整内容和节奏。

在此我也想严重推荐一下国际演讲会（Toastmasters International），俗称头马俱乐部，一个全球性的非盈利组织，旨在帮助有志人士提高沟通和领导力。2005 年我刚参加时，全北京只有一个俱乐部，现在 Toastmasters 在中国已经遍地开花，全国有上百个俱乐部，你也可以去官网寻找你身边的俱乐部并加入，和一群热爱学习的小伙伴们一起成长。

演讲是一门遗憾的艺术，每次都会有各种各样的不足和遗憾。我回过头看自己的演讲也并不那么满意，比如我的声音太高频了，不够抑扬顿挫，前后还可以衔接得更顺，还有最后的结尾总感觉有点儿虎头蛇尾。但正是这些遗憾让我可以总结经验，让下次做得更好。

我那天演讲下来以后，有个朋友问我："你紧张吗？"我说："当然！我还没见过任何一人上台演讲不紧张的！更何况是当着几百个老外讲英语！"但是那天我没来得及告诉她后半段——我怎么处理自己的紧张情绪。

我每次上场之前都会深呼吸然后告诉自己："我有一个超赞的故事，我已经等不及要和大家分享啦！"

总结

TED 上最受欢迎的演讲者之一西蒙·斯涅克（Simon Sinek）分享过一个观点"演讲的目的是为了给予"。我非常认同。不光是演讲，写文章也一样，听众和读者的鼻子像狗一样灵，他们很快就可以闻出来你是来自嗨的还是来给予和分享的。

如果你能用心地咂摸你的人生而不是狼吞虎咽地过日子，如果你能把你的故事、你的思考、你的知识、你的经验，当作一份不求回报的礼物送给你的听众，你怎么还会紧张呢？

第七章　建立职场圈子

一、为什么你勤奋努力却还是原地踏步

二、你是你的圈子

三、会闲聊的人在职场中容易成功

四、不是成功了才能给予，是给予了才能成功

一、为什么你勤奋努力却还是原地踏步

如果你想要走的快，一个人走。如果你想要走得远，一起走。——非洲谚语

If you want to go fast, go alone. If you want to go far, go with others.

– African Proverb

都说没有人可以随随便便成功，但你勤奋努力也不一定就会成功。因为成功的路上除了努力，还需要有提携你的职场贵人，否则只能原地踏步。很多人看不起那些靠别人提携而获得提升机会的人，认为这些人不过是在玩弄手段。他们坚信只要好好干活，老板的眼睛是亮的，自己最终会得到应有的回报。即使眼见机会一次次擦身而过，他们还是一边哀怨自己的怀才不遇一边坚定地孤身奋战，守株待兔等待着机会的青睐。这些人不但高估了自身的能力而且低估了职场的复杂性。其实现在的职场谁能单靠自己的力量就可以成功？那些出现在合适的时间、合适的地点的提携者也是必不可少的。

1. 什么是“提携者”

何为提携者？提和携其实是两个字。提意味着提拔，他们是那些把你往上拉的人。携更多指的是带着你走，助力你的人。有了他们，你前进的路上前面有人拉，边上有人带，想不成功都难。我们可以大致将这样的职场提携者分为三类：导师（mentor）、伯乐（sponsor）教练（coach）。近几年为高潜力人才提供高管教练也渐渐开始流行。

导师（mentor）是指针对你在某一时期，遇到某一类问题，无论是职业发展上还是具体业务上能为你提供切实有效的建议、能够用他的经验启发你获得灵感、突破瓶颈的人。这个人可能是你公司内一个有经验的同事、上司，也可能是你过往认识的一位值得信赖的朋友。如果你幸运，父母也可以是导师。总之，当你遇到某一类问题的时候，你总会想要问这个人意见。

伯乐（sponsor）这一类人并不是针对你遇到的某一类问题对你做出具体的指导，而是在一个组织里能够发现和欣赏你的才华，愿意把你介绍给不同的人，为你背书并在机遇面前可以引荐你的人。不用说，伯乐的职位会比你高几个层次。

教练（coach）相对来讲则是一个比较专业的领域，通常需要专业的培训才能做到。相比于导师经常给出意见和建议，教练通常并不给你一些具体问题的解决办法，而是通过提问来引领你挖掘你的潜力和想法，让你看到你自己视野中的盲点并找出属于自己的解决之路。

根据领英（LinkedIn）的一份调查[①]，82%的女性认同有一个导师是非常重要的。19%的女性从未有过导师，这其中有超过一半的人是因为她们还没有遇到合适的人。一项调查显示，男性和女性都认为伯乐对自己的成功和进步很重要。2/3的被调查者甚至觉得必不可少。17%的男性承认自

① “Women and Mentoring in the U.S.” LinkedIn Report Oct.25,2011

己得到过伯乐的帮助，但只有 4% 的女性这样认为。由此可见，同样在职场中，女性获得伯乐“提拔”的概率相比男性低很多。

读到这里，你可以回头看看你的职场，是否已经遇到了这些“贵人”了呢？如果有，他是属于哪一类？如果没有，又如何才能找到这些提携我们的贵人呢？而且就算你有仰慕的对象，人家职位比我们高好几级，有时又根本不在一家公司，凭什么要帮助我们呢？

在我的职业生涯中，我很幸运地遇到了好几位导师和伯乐，他们全方位地在组织内外提携我。更重要的是，他们让我看到自己都没有看到的潜质，或者虽然看到也假装没看到，因为我不自信能拿这份潜质干什么？我又究竟能走多远？可以肯定地说，如果没有这些导师和伯乐，我绝对没有今天的成长。如果你也能感受到导师和伯乐的力量，相信你的职场和人生也会由此而不同！

2. 导师的力量

很多公司都有自己的导师项目，把资深的领导和有潜力的下一代领导进行匹配。通常人力资源部门会参考业务部门的意见，牵头导师和学员的匹配。公司如果能够创造这样的机会固然好，但就像自由恋爱胜过媒人介绍一个道理，我还是更相信相互吸引的力量。

2000 年，我还在芝加哥，刚从另外一家 500 强公司跳槽到摩托罗拉。新来乍到人生地不熟，自然需要拓展新的圈子。通过参加公司女性社团组织（Women Business Council）的活动，我认识了亚裔社团（Asia Business Council）的主席 David Lum。现在想起来他长得很像骆家辉，也是典型的“香蕉”，黄种人的面孔，但言谈举止都是老美的做派。 David 的父母是从香港来的第一代移民，那个年代移民美国的中国人基本都混迹于餐饮业。民以食为天，中国人走到哪儿都不能委屈这中国胃。David 的父母为大芝加哥地区的中餐馆提供豆腐、豆芽、豆浆等豆制品。在这样的环境打拼出来的华人深知要在美国这样一个多元化的国家立足并找到自己的位置，不能光靠老一辈移民的苦干精神，更要有很强的沟通能力和领导力。David 领导的 ABC 社团就立足于帮助公司里的亚裔进一步提高这方面的能力。

那个时候我也就是个小经理，按照摩托罗拉的等级来分算是 9 级，而 David 是个总监，算是 12 级，可见他比我高好几级。我们虽然同在一个公司，但并没有什么工作上的交集。作为第二代移民，David 虽不能完全跟我们这些在中国大陆长大的人感同身受，但我还是在他身上学到了很多东西。也是 David 把 Toastmasters（国际演讲俱乐部）介绍给我，让我知道公众演讲的能力是多么的重要。David 自己也是个非常棒的讲故事高手，让我体会到讲故事的能力是多么重要。当然我也从他的故事里学会了如何发豆芽、做豆腐的细节，因为这就是他童年的生活。

怎么才能找到导师？

导师其实就在你身边，只是你没有发现而已。你要用狗一样敏锐的嗅觉主动去找，但找到以后，最好不要仰着幸福的小脸问人家："请问您能做我的导师吗？" 这么问就像是问一个你心仪的男生："你愿意做我的男朋友吗？" 人家就算是想也会被这个问题吓回来了。你问的仅仅是一种 "可能性"，可是导师听到的都是 "承诺" 和 "责任"，即使他有意愿帮你，但想到这么多责任，也难免会跑路。所以如果你想要谁做你的导师最简单的办法就是直接把他 / 她当作导师就好了。导师的名分不重要，重要的是你是否能学到东西。

可以把自己的直接老板当作导师吗？

很多人认为自己的直线老板不能成为导师，因为当你把自己的问题带到老板那儿去请教的时候，会显得自己很无能。我的看法是无能不是

“显”出来的，你到底有没有“能”，最后的结果会说话。如果你的老板很有料也很愿意帮助下属，这样的老板你要是没把他当作导师充分利用那就太可惜了！至于怎么请教、什么时候请教也是有一定学问的。最好不要在事情当时发生的时候请教，而应该在事前或事后请教。请教的也不应该是针对某一件事情具体怎么操做，而是如何解决类似问题的一个原则。如果你每次都就事论事，没有独立思考和举一反三的能力，老板当然会觉得你无能。要知道导师不是老师，他的责任不是手把手教你做事，而是帮你提高做事的能力。

可导师凭什么要帮助我？

导师也是人，他/她也有需求。这么说可能显得很赤裸裸但人的需求是多方位的，关键是你能否体会到导师需要什么？你又能给予什么？回到我的导师 David 的例子，他是骨子里爱帮助别人、爱和别人分享的人。他的表达欲望很强，表达能力更强。作为一个倾听者，我不但满足了他的分享欲，而且还为他在公司内外找更多让他演讲的机会，这样既满足了他的认知盈余，又让更多的人从中受益，可谓三赢。

每个人都有帮助别人的本能，作为一种群居动物，这是深藏在人类基因里面的。关键是，我们能否让那些想帮助别人的人能够轻而易举地帮到你，而且为什么是你？

现在回想一下你心仪的导师：

他/她有哪些需求？

____

你可以做的是什么？

____

3. 为什么需要伯乐?

既然导师这么重要，为什么哈佛商业评论一份研究报告[①]中却指出：有没有导师和职场晋升之间的相关性在女性中体现的不明显，而在男性中则更明显。答案可能既出乎意料又在意料之中。因为女性在职场中通常往往过多“被导师”，较少“被推荐”。

女性比较开放，愿意听取别人意见和建议，因此身边不乏给建议的人。但是真等好的工作和晋升机会来的时候，却很少有人拍着胸脯说：“这年轻人我看不错，可以把机会给她试试！”而当遭遇别人反对和质疑的时候，这个人还得有足够的影响力能拍着桌子为你撑腰。这种看好你并且敢于挺你一把的领导叫作推荐人（sponsor），你也可以把他理解成组织中的伯乐。

根据LeanIn和麦肯锡2015年发布的一项调查报告[②]显示，男性和女性都认为一位伯乐对自己的成功和进步很重要。2/3的被调查者甚至觉得必不可少。25%被调查的男性说自己曾经得到过组织内伯乐的推荐提拔，而女性只有这个数字的一半。为什么呢？难道是因为女性的人脉不够广？

其实男性和女性的职场人脉数量是差不多的，差的是构成。男性的职场人脉多为男性，女性的多为女性。而因为在高管层面的女性相比起男性少很多，所以基数本身就小。这就造成了女性获得伯乐提拔的概率相比男性低很多。就像德博拉·埃兰（Deborah Elam，美国通用电气公司多元化主管）在2010年哈佛商学院研究中心的一份关于职场伯乐的报告[③]中指出

---

① “Why Men Still Get More Promotions Than Women” by Herminia Ibarra, Nancy M. Carter, Christine Silvain Harvard Business Review Sep.2010 Issue

② “ Women in The Workplace 2015” By LeanIn and McKinsey

③ “The Sponsor Effect:Breaking Through the Last Glass Ceiling” By Sylvia Ann Hewlett et.al in Harvard Business Research Report Dec.2010

的“那些够资格做领导的女性明显缺乏足够坚强的后盾来激励、推动和保护她们穿越高管层这一危机四伏的海峡。简而言之，女性缺乏伯乐”。

在这里需要特别澄清一下伯乐和导师的区别，因为这很重要。伯乐不是简单地提供反馈，而是用他在组织中的影响力，在其他高管面前为你打广告，有的时候甚至会为你打开机会的大门，在适当的时候顶你一把。伯乐相对于导师来讲通常是在组织中相对比较资深的人，但这并不重要。他们最重要的区别是导师可以是不公开的，他也不需要为你的行为和结果负责。而伯乐就不同了，他需要在各种公开场合挺你，为你背书，也因此你的业绩会直接影响到他在企业内的声誉。这就是为什么伯乐在选择栽培谁推荐谁的时候非常谨慎。

怎么才能找到伯乐？

古人云“千里马易得，伯乐难寻”。伯乐之所以难寻是因为他根本就是不能寻来的。真正的伯乐是吸引来的，更是修来的。你一定是身上有一些让伯乐觉得值得挺你、值得为你花时间的才能和品质，只有这样才有可能吸引来伯乐。如果这样讲，难道唯一的办法就是守株待兔坐等伯乐降临吗？当然不是，你可以做的是一边自我修炼，一边创造机遇，让伯乐更有可能注意到你。打造个人品牌的重要性在这儿就体现出来了，因为眼睛再尖的伯乐也很难关注到一个从来不发出声音的人。

摩托罗拉是一家充满人文关怀的公司，我在这家公司遇到了好几位伯乐也就不稀奇。其中一位就是当时公司的 CIO（首席信息官）。那时候我不过是个小总监。打个比方，她要是一线城市，我也就是四线城市，就这么大的区别。但这并不妨碍她对我的提携。每次我去芝加哥总部出差的时候都会提前跟她约，看能不能见一面。我记得有一次我们坐在公司的咖啡厅，望着园区里的人工湖，冬日里的芝加哥明媚阳光晒在身上暖暖的。她坐在我的身边，就像一个白发苍苍的智者一样，听我聊最近工作和生活中的一些领悟和遇到的一些瓶颈问题，时不时给点儿建议，娓娓道来她自己的见解。

我们结束对话的时候，她轻轻地拍了我的腿一下，看着我意味深长地说："Lin, you have a long runway"。老实讲我还是头一次听人家用这么一表达，猛一下还没琢磨过味儿来什么意思。是说我腿长？不会呀，跑得远？也不对劲啊！我脑子里想象了一下长长的飞机跑道，好像明白她的意思了。她的这句话基本上就是在说"你很有潜力"，言下之意"我看好你"。

所以，伯乐就是组织里那个身居高位且看好你的人！

可是级别差得那么悬殊，伯乐为什么要帮你？

答案可能会出乎你的意料，因为他需要帮你！是的，你需要有人看好你，但伯乐也需要你！作为高管，挖掘培养有潜力的后备军就是他工作的一部分啊！做到那个级别的人，他们很重要的一部分工作就是要培养下一代领导（leadership pipeline）。当他们在组织里找不到合适的后备军时，他们比你还郁闷，因为这也是他们的绩效指标的一部分！ 如果你能够成为那个下一代的苗子，实际上帮助他们解决了大问题。所以你们完全是互相帮助的关系，而不是他们施舍于你。

当然了，在一个庞大的组织里，级别再高的人也很难在用人这个问题上简单粗暴地指定某人做哪个职位。无论他有多看好你，他也需要获得其他利益相关者的认同。你就像是一个产品，伯乐的任务就是在其他高管面前卖你，在别人质疑你的时候能够顶你。所以你要让他越容易把你卖出去越好！那怎么才能把自己更好地卖出去呢？除了努力工作创造业绩，你还得负责给自己这个产品打品牌啊！

和伯乐之间最需要注意什么？

首先，这些高管都很忙，无论你再优秀你也仅仅是他一天当中无数要处理的事情中的一小部分，所以无论你做什么千万不要浪费他们的时间！

对于他们来讲，时间比钱更重要！

其次，对于高管来讲，更重要的是他们的面子和信用，所以如果公司里有看好你的高管，你感到荣幸的同时应该感到压力。因为你一旦做错事，丢的不光是你的脸，还有他的脸。而信任就像玻璃心，一旦碎了就很难再拼回来了。

所以千万不要滥用伯乐的信任。有人挺你是好事，但自己偷偷乐就行了，不要一天到晚摇大旗恨不能全世界都知道。英文里有一句话叫"Don't take it too personal"，这句话适用于别人否定你。当别人否定你的时候，不要认为人家就是针对你这个人的。同理，当别人欣赏你的时候，不要就洋洋得意以为你就怎么样了。要知道伯乐看重的不是你，甚至不是你的才华，而是你的才华有可能为公司创造出的价值。如此拉仇恨只能给人一种小人得志的印象，破坏你和同事之间的关系，更不能帮组织达成目标，其结果只能让你在伯乐面前失去信任。

Tips：

在和伯乐的沟通过程中，越是级别比你高很多的高管，你越要做得不刻意。这听起来很反常规，因为通常人们会觉得你越显得有诚意人家越会重视你。这在实力相等的情况下可能是对的，但在和你实力地位相比高很多的高管面前，你做得越刻意，越让他觉得有压迫感，而且其他同事也会心生嫉妒。

导师是不是可以也是伯乐？

当然可以！

为本书前言做序的 Mark Duval 是我在摩托罗拉的同事。2006 年我做中国区 IT 总监的时候，他做中国区总裁的首席行政参谋长（Chief of

Staff)。那时候我刚刚进入中国区领导层，对这个圈子的玩儿法还不太明白，就时常会向 Mark 请教。他也一直承担着导师的角色，经常给我讲这里面的游戏规则。

有一次我俩在星巴克聊着聊着，他突然冒出来一句："你这么能干，跟 IT 待着干嘛呢？"我知道他没有贬低 IT 这个团队的意思，他只是觉得我应该可以做更多。我一时语塞，虽然这也是我一直问自己的问题，但如果我要是知道答案我不早就动窝了吗？

事实上 Mark 问这个问题就代表他已经向我伸出了橄榄枝。他正在从导师成为我的伯乐。在这之后，每逢公司有一些内部或外部的会议和活动，Mark 都会时不常地叫上我。很多人以为伯乐的职责是为你打开一扇机会的大门，但我认为伯乐的最大价值在于帮你看到你自己可能都没有看到的潜能，并且为你推开一扇窗。透过这扇窗，我看到外面的世界那么大，能做的事情那么多，而自己懂得那么少，就自然而然知道要往哪个方向努力了。

Mark 帮我打开的很重要的一扇窗就是中国美国商会。从代表公司作为会员参加到 2013 年成功竞选为中国美国商会的董事，到再后来成为中国美国商会史上第一位中国籍的女性副主席。我的眼界、圈子和能力在这个过程都得到了全方位的提升。所以从某种程度上来说，这扇窗的作用比门还大，因为透过这扇窗我看到了很多机遇之门，当然至于最后能抓住什么机会还是要靠自己的努力。

2013 年，中国美国商会需要面试一位新的总裁。作为董事会上仅有的几个中国人，我自然要替国人选一个既懂中国又懂美国的良心总裁。面试的那天，一个候选人推门一进来，我差点儿吐了血，你们猜是谁—— Mark！

生活总是在拐角处扔给你一些你想都想不到的惊讶。我怎么也没有想到有一天我会面试我的导师，我的伯乐！ Mark 后来成为了美国商会史上最优秀（也是颜值最高）的总裁之一，2015 年底他离开商会，赴任 Terex 中国区总裁。在他的告别会上，我给了他一个大大的拥抱，并在他的耳边轻轻地说了一句："Thank you so much for being part of my life！"

是的，感恩生活给我带来这么多的导师和伯乐，而我唯一能回馈生活的就是把这份善意和责任传递下去。这也是我写这本书的初衷!

总结

"如果你想要走得快，一个人走。如果你想要走得远，一起走"。在我看来，在职场上那些一个人闷头走的人，走的既不快也不远。如果你勤奋努力，就更应该抬头走路，导师和伯乐的提携不但可以帮你推开门，还可以帮你打开窗。

二、你是你的圈子

你知道什么不重要，你知道谁也没那么重要，谁知道你才重要！——苏珊·若安

It not about what you know or who you know, it' s about who knows you！ – Susan RoAne

圈子这个概念没什么新鲜的，谁都知道。但老外经常把 Network 和 Relationship 统统翻译成"关系"，这一看就是缺乏对中国文化的了解。关系是个一对一的概念，而人脉网则是个一对多的概念。作为一个关系社会，我们中国人的社交圈通常建立在地缘（如同乡会）或亲情关系上，相对比较封闭，不强调流动性，也不太强调跨界。好比我们每个人都有自己的同学圈，但是通常是小学同学一个圈、中学一个、大学一个，在同一圈子里拉关系套近乎得不亦乐乎，但很少有人跨圈活动。几千年来，我们都是靠吃饭喝酒打牌来拓展和维护社交圈的，直到社交媒体的到来。

相比之下，西方社会的人脉网相对比较开放，流动性比较强，各种圈子如教会、同学会、商会之间通常会由一些活跃的社交人士来跨界连接。这也就是为什么各种社交酒会、冷餐会流行于西方。和我们有固定座位的桌餐相比，这种形式的社交逼着你走来走去跟各种各样的陌生人去说话聊天。抛开语言问题不谈，这种形式本身就让我们很不习惯，难怪我们喝着鸡尾酒想着热汤面。

但就拓展职业社交圈来讲，西方的这种流动和开放的形式其实更直击其本质。相比一般的朋友圈更多是为了满足情感需求，拓展职业社交圈的目的则是对自身职业发展和成长带来一定的促进。

圈子到处都在，一个大公司就像是一个小社会，只要有人的地方就势必有圈子，因为归属感是人类的基本需求，也因此人们通常会更信任他认识的人。从某种程度来讲，圈子定义你的眼界、你的格局、你的资源，最重要的是你能走多远。

1. 你的职场社交圈里到底应该有什么样的人呢?

《财富》杂志有一篇文章“如何建立强有力的职业人脉圈”[①]，列举了职场人脉圈里必不可少的几类人。我把它精简成了更适合中国国情的八类人，并且加了一些我自己的理解，你可以边读边试着把你的人脉对号入座一下，看看是不是每一类都有了。

---

① “How To Build A Powerful Professional Network” by Tai Goodwin in Forbes, Jul.22nd, 2010

导师

导师是那些在人生方向，职业发展上或是人际沟通问题上能为你提供切实有效的建议，并且能够用他的经验启发你获得灵感、突破瓶颈的人。这个人可能是你公司内一个有经验的同事、上司也可能是你过往认识的一位值得信赖的长者。在你的职业生涯不同时期，你可能会有不同的导师给予你当时所需的帮助。如果你超级幸运，父母也可以是导师。我之所以说如果你超级幸运是因为，虽然父母和导师一样期待你成功，但他们经常会期望过高以至于用力过猛；而导师当然也愿意看到你成功，但如果你失败的话他们不会急赤白脸地把你骂得狗血喷头。

业内专家

俗话说“隔行如隔山”，每一行都有自己的专业技能和行业最新趋势。比如你刚接手了一个新的项目或到了一个新的岗位，你可能就需要有一个这方面的大拿给你点儿建议，为你指点迷津。也许你会说这要求高了点，上哪儿找专家啊？其实所谓专家都是相对的，只要比你专几个台阶的都应该算是专家。

跨界通才

如果说业内专家是专才的话，那么通才就并不一定是你所在行业或专业领域的专家，他可能是位跨界人士。也可能是对当今的时政要闻科技潮流很关注的一位消息灵通人士，这类人能够帮你拓宽眼界，因为他们什么行业都知道点儿，而且能够提供一些高瞻远瞩的想法。尤其是如果你有转行或转型的打算，而他又有相关行业的知识，那他就能够帮你分享一些目标行业的知识以及趋势走向。跨界通才的重要性常常被低估，因为人们平常不觉得自己需要转型或是转行，总是等到需要的时候才发现自己两眼一抹黑，这时候才抓了瞎。

梦想家

这种人是那些你可以一起做梦的人，不管你的主意听起来多么可笑或者你的计划多么不成熟，你都可以跟TA分享不怕被笑话，不管你梦什么，他们都会说好主意啊！谁都需要这样无条件为你提供精神支持的梦想家。

实干家

梦想家什么都好，就有一个问题，要是您这圈里都是梦想家，就有点儿自娱自乐了。因为梦想很丰满，现实很骨感！你还需要实干家时不常给你泼点儿凉水。他们真心盼你成功却不会附和你的观点，那些敢于挑战你想法的朋友是你需要的实干家。如果你有这样一些思想锐利、说话犀利的朋友，一定要珍惜！

同盟军

同盟可能是那些在同一条路上，朝着共同目标奋斗的小伙伴。你们可以共同探讨问题、分享资源、互相打气。如果你打算创业的话，你就更需要同盟了，因为如今这年代，想靠单打独拼做任何事都几乎是不可能的了。连徐小平不都说了吗，他绝对不投没有合伙人的创业公司。

联结者

如果你的人脉特别窄，很有可能是因为你的圈子里缺乏这样的一个联结者。联结者有两个特点。第一，他人脉很广，好像你想认识谁他都能帮你找到，就算找不到也能给出一些有用的线索。第二，重要的是，他还愿意跟你分享这些人脉资源。有资源但是总是捂着不跟别人分享的人不能算是联结者，话又说回来了，这样的人也不可能成为联结者，因为人脉是越分享越有的。联结者通常会主动想到别人要什么资源，并且愿意帮着牵线搭桥。所以说，你的圈子里如果有联结者，那绝对是你修来的福分。同时我认为，能够成为别人的联结者应该是人际交流的最高境界。

把你当作导师的人

说到往下传就引出了这最后一类人。有获得就一定有付出。如果我们每个人都把为年轻人和后来者分享经验和资源看成自己责无旁贷的事情，那我们就不愁自己没有导师了。而这最后一点就又转回了第一条，如果你不做别人的导师，又怎么能指望自己能找到合适的导师呢？人脉也应该是有进有出的。

不知道看完以后你觉得自己哪一类人脉最富足？又最缺哪一类人脉？每个人在不同的职业发展期会需要不同类的人脉，而且这八类人中间也可以互相重叠，有的人可以身兼数职，并不一定要分得那么清楚。就像我们没必要也无法清晰地界定朋友和人脉的区别。

接下来的关键问题就是那怎么才能拓展人脉、找到这些人呢？

2. 如何拓展自己的职业社交圈呢？

为什么有的人圈子特别广而且常有跨界的圈子，而有的人的圈子特别窄？即使是在同一个公司里，有的人好像上到总裁下到打水的阿姨就没有他不认识的，而有的人就只认识自己一亩三分地的那几个同事。

首先，职场圈子拼的不是数量，而是关系的质量和多元化的程度，你在朋友圈或领英上有多少联系人和你能否找到下一份工作没有直接的关系。那怎么才能发展高质量的职场社交圈呢？有几个观点和大家分享：

维护现有的联系人比拓展新的圈子更重要

我现在公司的合伙人，一位剑桥哈佛双料的英国老先生，曾经跟我说过“维护现有客户永远比寻找未来的客户要重要”。这句话对我启发很大，确实很多销售总是像无头苍蝇一样忙着去找新客户，可实际上如果他们能把现有的客户伺候好了，并且为他们提供更多的价值可能比什么都强。同样的，有些人总是琢磨着怎么才能认识些新的联系人，可却忘了跟自己原来或现有圈子的人保持联系。

尤其在社交媒体时代，大家又过分依赖线上的沟通，但事实上没有任何方式能够取代人与人面对面的沟通，哪怕是打个电话听到对方声音也比通过微信交流要强。再干柴烈火的爱情，时间长了也需要滋养才能保持新鲜，就更别提以前的同学和同事。比如以前的老板换工作了，前同事升职了，打个电话送上一份问候。这些举手之劳的事儿，能不能做到的关键在于有没有心。我曾经就收到过前同事寄来的手写贺卡祝贺我换工作，在这个微信时代，这份小小的祝福显得弥足珍贵。

和不同之人找相同之处，并促进双方利益

圈子窄的人有一个共性，那就是他们总是试图在和自己经验背景相同的人身上找相同之处，所以玩了半天都是找呀找呀找朋友的游戏。而真正能对你有帮助的人，是那些跟你有很多不同之处的不同之人，正是这些不同之人的不同之处给你带来新的观点，带你走向全新的领域和更高的格局。因此拓展职场社交的真谛在于，你能否在跟你不同的人身上找到交集，并促进双方利益的共同发展。

工作和生活中那些共同的经历、共同的目标甚至共同的敌人都能成为产生交集的基础。中国人有句老话叫不打不成交，即使是两个人因为什么事儿打起来了，那也是这两人之间共同拥有的一段经历。所以和他人的交集不是臆想出来的，而是一起共事出来和交流出来的。而真正成功的职场圈子是那些想办法成就他人的人的。

所以大家所说的“社交”在我看来就是“联结”，通过和他人分享我的知识和经验、时间和精力与他人建立联结，并且带着感恩的心态，看待身边的人和事，尽力为他们提供价值。而在这个过程中，也提高了自己。而所谓的“圈子”在我看来就是在工作和生活中和我们有交集的一些人。当你为这个世界和周边的人带来的越多，你和别人的交集自然就越大。

总结

真正成功的职场圈子是那些想办法成就他人的人的。人脉的积累最终拼的是能力、人品和修行。所以一个人的人脉确实决定你的资源、眼界和格局，但反过来你的资源、眼界和格局也决定了你的人脉。说穿了，这是个鸡生蛋、蛋生鸡的问题！

三、会闲聊的人在职场中更容易成功

小谈话，大学问！——林宏博（有意思教练）

Small talk is never small！ – Hubert Lin

如果你在电梯门口碰到从没说过话的公司老大，你是否会自如地走过去打个招呼？

如果这位老大你还只是见过其照片，但没见过真人的，从国外来的CEO呢？你又会怎样？又打算说什么呢？

还是小明的那套：“Hi, how are you？”“Fine, thank you and you？”

我在为世界500强企业做“和国外团队有效沟通”的培训时，经常会问学员上面那个问题，并要求他们做一个简单有力的“电梯演讲”（Elevator speech）介绍自己。超过一半的学员在这个时候都会说：“啊？如果是我碰到这种情况，早就溜墙根跑了装作没看见，我才不会去打招呼呢！”

这还是公司内部的人，如果是参加一个外面的社交场合和一些不认识的陌生人呢？一个保守的估算是中国人每十个人就有一个有不同程度的“社交焦虑症”，别看大家在线上刷朋友圈都很活跃，但一到线下尤其是有老外的社交场合，无论公司内外，谈话总是干干的，握手却是汗湿湿的。尽管都知道参加这种线下的社交场合是打造职场人脉中不可缺少的一部份，但很多人还是多少有些发怵。

英语里把人脉网（network）变成动词 Networking，就成了为拓展人脉网而做的事了。但 Networking 这个词不管怎么翻译都听着别扭。翻成“交际”吧？一股风骚气，翻成“社交”吧？缺少动态的感觉。如果把 Networking 这个词拆开其实是 Net（网）和 working（力气活），所以说白了 Networking 就是铺一张人脉网的力气活。它不但是个力气活，而且还是需要勇气和技巧的力气活。

美国一项研究指出，苏格拉底式的当代闲聊艺术（Small talk）是可以发展和培养的最重要的沟通技能之一。在职场中闲聊的技巧可以说是一个非常微妙，但又非常真实地提升你职业生涯的方式。一般来说，会闲聊的人会被视为更自信和开朗。而能够和任何人在任何场合搭讪闲聊的能力是一个人巨大的资产。但是怎么才能做到呢？其实你需要的无外乎“勇气 + 技巧”这两样。前者需要克服心理障碍，后者则需要学习和练习。

1. 勇气

先说勇气，我们都习惯于待在自己的舒适区，跟自己熟悉的人去熟悉的地方吃熟悉的餐馆点老三样的菜。可拓展职场社交圈，无论是在公司内外，都需要和不熟的人聊不熟的话题，而且结果没有任何可预见性。想要搭话，可人家不理我怎么办？

另外，还有一个很现实且左右为难的原因。人的精力有限，我们不可能把时间都用在没有任何目的性的社交上，而太具有目的性的社交又让人觉得功利不堪到恶心。哈佛商学院的一个研究[①]发现目的性太强的社交活动（instrumental networking）让参与者感到很“脏”，以至于他们一想到这种活动就联想到洗澡刷牙。而在对北美一家大型律师事务所员工的调研中发现，相比起那些权高位重的律师，初入职场的年轻律师更感觉“脏”。

为什么我们会觉得目的性太强的社交很“脏”呢？因为我们觉得目的不纯！但为什么那些年长的律师就不这样认为呢？因为他们觉得自己对于别人来讲更有价值。当你觉得你更能给别人带来价值的时候，就觉得你们的交流是建立在平等的基础之上的。而年轻的律师会觉得自己一没本事二没经验三没人脉，对于别人来讲有什么价值？人家为什么会想要跟我聊天呢？

其实和很多人一样，我在电梯门口看见公司 CEO 也会想拔脚就溜。在气场强大的大人物面前，我也会心里嘀咕我有什么价值，人家凭什么想跟我说话。

我问了自己一个自我教练问题：什么是价值呢？难道就是对别人有用？

也许我们的文化太过强调功能性了，忘记人是感情动物，就算你再“没用”，如果你是个有意思的人，能跟不同的人聊一些有意思的话题，你也完全可以跟别人建立情感的联结。每个人都有自己独特的人生经历和故事，每个人都有别人值得了解的观点，如果你能说得有意思，谁又能说那不是价值呢？

如果把闲聊搭讪当成是比谁最受欢迎，别人愿意跟我们说话就证明我们很好，别人如果不愿意跟我说话就证明我们不好，那难怪会有压力。但是如果我们仅仅把它当作一个“匹配”的过程，如果你们没什么可聊的，

---

① “Why You Hate Networking” by Susan Adam in Forbes, Sep.16, 2014

仅仅代表在当时当刻你和那个人没有找到一个共同点，或者说没有匹配上而已，这样心里压力就会小很多。当然了如果你和谁都聊不到一起去，那你需要自我检查一下究竟是为什么了。

想通了这个道理以后，再加上经常混迹于各种高大上会议历经磨练，现在不管中国人外国人，基本上旁边放一活人，我都能搭上话。有一年成都财富论坛，我在一个分论坛上听姚明讲了他创办姚基金的初衷，特别为之感动。下来以后我就直接找他搭话，然后我们就径直去了 VIP 室聊了 20 分钟。为此我的脖子疼了好几天，因为他实在是太高了！在巨人面前，如果像我这样的小人物都能跟他搭上话，那谁都可以的！

2. 闲聊的话题

就算好不容易鼓足勇气去搭讪，可聊什么呢？除了像英国人一样聊天气，像北京人一样聊雾霾，还能聊什么话题？怎么才能聊得有意思？万一摊上那种喋喋不休讲个不停还狂给你显摆他家娃照片的怎么办？想要走开，但怎么说才能不显得那么粗鲁呢？

俗话说“话不投机半句多”，能和一个陌生人找到投机的话题并不容易，但最起码你可以避免尴尬的话题。我刚生完孩子回去上班的时候，有一次去新加坡参加亚太区的一个技术大会。茶歇的时候，旁边站的一位男士跟我搭讪道：

他：How far along are you？（你怀孕几个月了？）

我：I just had my baby three months ago！（我刚生了孩子三个月！）

杀了他的心都有！可见搭讪闲聊也不是人人都会的，老外也不例外。

那什么才是最安全的话题呢？其实最安全的办法就是从最自然最中立的话题开始谈起，避免那些容易产生冲突的话题，比如政治立场、宗教信仰、财务和婚姻状况，这些话题很容易就话不投机。为什么大家愿意聊天气、堵车这些话题呢？除了因为这些话题很安全以外，很重要的一个原因是大家都有共同的感受。不管你是男的女的、老的少的、有钱的没钱的，我们都在同一片天下面呼吸，都要面临同样的交通状况。有意思的是，这些共同的经验对于每个人来讲意味的可能不同。

比如你去参加一个活动，同样是聊到堵车，你聊起来可能会和买车还是不买车联系到一起，另一个人可能会说是不是这样的活动可以放在线上，这样就没有堵车的问题。可见，这种看似琐碎甚至毫无意义的小话题可以引申到更深一层次的话题。你也可以从一句由衷的赞扬开始，然后就顺其自然好了。这里的关键字是由衷，而不是虚情假意地说一些好听的话。

小故事：

英国历史上有两个伟大的首相——威廉姆·格莱斯顿（任期1892–1894）和本杰明·迪斯雷利（1874–1880）。据说一位年轻女士连着两天分别去拜访他们两个人。事后被问及对这两个男人的印象时，她说：

“跟格莱斯顿先生共进晚餐后，当我离开餐厅时，我认为他是英国最聪明的人！但当我离开迪斯雷利先生后，我以为我是英国最聪明的女人。”

你觉得这两位男人，谁的情商更高？谁更是闲聊的高手呢？

3. 闲聊的技巧

很多时候，我们为跟别人说什么而发愁，可你为什么一定要说呢？好奇心永远都是最自然的破冰，如果抱着对他人真诚的好奇心，那不难找不到话题问对方啊！比如当别人说到他周末去钓鱼，你完全可以接着问人家钓了什么鱼？多大的鱼？钓鱼需要什么样的技巧？

真诚地问一个问题或咨询别人的意见可以是一个很好的突破点——尤其是如果你知道这是对方的专长领域，这可比说个不停要强很多。首先那个人会很感激你对他的专长有所了解。其次你可能会惊讶地发现好为人师的大有人在，聊到自己的专业领域几乎人人都是话痨。美国哲学家约翰·杜威曾经说过“人类本质里最深远的驱策力，就是希望具有重要性”。当你真诚地向他人咨询意见的时候，你已经让他觉得自己很重要了。而当你说的东西能联接到他人的兴趣点和经历时，那个谈话就是有价值的，否则就是自说自话。

用问题给他人创造一个空间，让他发挥，没有人可以抗拒说自己有多聪明的诱惑。一个好的问题能将看似肤浅的闲聊带入到一个更深的层次，也因此和人建立更深的关系。所以闲聊不是说而是问！而能问出好问题靠的是耳朵，而不是嘴巴。

有一种人我管他叫“我我我”，这种人特别爱说自己那点儿事，恨不能听自己的声音都能听到高潮。我的一个朋友知道我在做自己的公号“有意思教练”，就找了她另一个也在做自己公号的朋友来跟我聊聊，互相交流经验。结果我们初次见面，30 分钟过去了，他一直都在自嗨地讲他是如何在一年之内粉丝过万的，从始至终没问过我一句话。我就在那儿一边吃我的三明治一边静静地听，吃完我就找个借口说有事儿先走了，也懒得跟他沟通了。您都自嗨半天了，还要我干嘛呢？

所以说，不会聊天的人并不是不会说而是不会听。90% 的人都认为自己是一个好的倾听者，但世界上真正好的倾听者能有 10% 就不错了。大多数人的倾听是停留在浅层次的听，而当我在做教练的时候需要的则是深度倾听，即把自己从这个谈话中剥离出去，全身心地关注在对方身上。对我而言，这也是作为教练最难的地方。当然了，现实生活中我们无法时时刻刻都做到教练式的倾听，但最起码我们可以少一些“我我我”。如果谈话的时候永远都是你你你，你的工作、你家儿子，从不关心他人，那别人为什么要听呢？

在写文章或写演讲的逐字稿的时候，我都会数自己到底用了多少“我”字，然后尽量减少用这个字。下一次你在跟别人聊天的时候，有意识地听自己说了多少次“我”字，并且有意识地把自己带入到深度倾听的状态，你会发现你虽然听到的多了，说的少了，但对方反而觉得你是个会聊天的人。

总结

会闲聊的人更容易成功，但闲聊无关乎于说，而关乎于听。在社交场合上你说了多少话拿了多少名片，没有任何意义，真正的意义在于你和多少人建立了有价值的关系。如果我们对他人抱有真诚的好奇心，让你的好奇心战胜你的恐惧，那我们完全可以把每一次和陌生人的谈话都当成一次探索之旅。

教练 Q&A：

Q：怎么才能让人对你印象深刻？

如果在活动中遇到了一位你觉得很有意思的人或者你想要事后跟他保持联系的人，一定记得在你走之前找到他跟他说一声再见。当他看到你穿越人群特意向他来告别的时候，他会格外珍惜你的诚意。据说克林顿每次演讲完离开会场时总是最后驻足回望一下台下的观众，其实就是这个道理。

Q：一个性格内向的人如何才能自如地在这些社交场合和人闲聊呢？

沃顿商学院的教授 Adam　Grant 在谈到内向和外向人的区别时曾说过：“内向的人或许负面情绪比外向的人要多一点儿，但是外向的人并不一定就能给周围的人带来同样多的正面情绪。”①换句话说，外向的人多数情况下会自我感觉良好，但他们并不一定能让别人感觉良好。

而真正好的谈话是让双方都彼此感觉良好的。

那怎么才能让对方感觉良好呢？这时候内向的人就可以发挥你的长处啦！当外向的人还在那儿忙着说个不停的时候，爱思考的你可以一边被动参与——点头，微笑，一边想一个好问题来问别人啊。

Q：我很想拓展我的圈子参加社交活动，但我真的很忙确实没时间怎么办？

首先，“我很忙”是“不重要”的另一个说法。你再忙你也会记得吃饭上厕所，因为它重要。当然了，必须得承认作为担负了比男性更多家庭责任的职业女性，确实比较难腾出时间去参加一些社交活动，所以时间更需要花到点儿上。我建议去之前一定要做功课，带着问题去而不是盲目地去。如果你是冲着内容去的，你可以踩着点儿到。但如果你是冲着认识参加活动的人去的，建议你还是早点到，用活动开始前的时间和大家认识一下，因为真正活动开始了反而没时间跟人说话了。

最后，对于年轻人来说，与其花大把时间和精力去些社交场合凑热闹，不如多看书、多干活，先积累自己的能力和经验资本再积累人脉资本，因为听别人吹牛永远不会让你变得更牛，就这么简单。

---

① “5 Myths About Introverts and Extraverts at Work” by Adam Grant in www.huffingtonpost.com

四、不是成功了才能给予，是给予了才能成功

我们靠所得来谋生，靠给予来创造生活。——温斯顿·丘吉尔（英国首相）

We make a living by what we get but we make a life by what we give.

– Winston Churchill

你是不是每天都在想着如何才能成功：我想要争取到那个大客户的单子，我想要拿到那个大项目，我想要扩大我的职场圈子，我想要升职加薪。总之，你想要成功！

作为教练，我经常会被客户问到怎么才能实现类似上述的目标。我把它统称为“having”的问题，因为它都是关于我怎么才能“有”更多的问题。这个时候我就会带着客户去探索需要做什么才能更成功呢。

其实这个问题无数人都探索过，包括心理学家亚当·格兰特（Adam Grant），这位美国沃顿商学院最年轻的教授就这个问题做了一个研究，只是他不是看一个人，而是研究了很多成功的和不成功的，试图发现一些规律。

他的研究结果可能会让你大跌眼镜：登上事业和生活巅峰的成功人士是那些经常帮助他人的“给予者”，而不是那些只进不出的“索取者”或者相信收支平衡的“匹配者”。

你可能会问：可……可我拿什么给予啊？我什么都没有！要钱没钱，要人脉没人脉，我倒是想给呢，可我没有任何值得给的东西啊？等我成功了，我一定会给的！

可是你知道吗？你的顺序颠倒了。不是成功了才能给予，是给予了才能成功。

咱们先看看亚当·格兰特教授在他的《给予和索取》里是如何定义这三种人的：

1. 索取者、给予者和匹配者

索取者（Taker）

除了你能想到的“有进无出”、不感恩之外，索取者通常还有这样几个特点：索取者说话的时候用“我”多过于“我们”。因为他们相信成功都是自己的功劳，而失败多半儿是别人的过错。另外，索取者之所以索取，跟贪婪还没太大关系，最主要的是他们相信“饼”就这么大，你要多切点儿我就得少得点儿。对于他们来讲，所谓成功就是要争取最大的那块儿。

给予者（Giver）

给予者总是不惜余力地分享自己的想法、时间和经验给他人。对于他们来讲，帮助别人会给他们带来一种积极正向的感受。他们不会把自己能从中获取什么作为重心，而是把团队和集体的成功看作是真正有意义的。

大多数人当被问到是不是可以给予帮助的时候，都会先掂量一下，这人到底值不值得花这个时间。但是给予者认为每个人都拥有无限可能，所以他们总是会尽力帮助别人，尤其是那些看起来不值得被帮助的人。

匹配者（Matcher）

匹配者不像索取者那样只进不出。他们相信有进有出，认为人与人之间的关系就是“我抓你的背，你搔我的痒“。匹配者的脑子里有一个巨大的 Excel 表格，里面算着他们都帮助过谁、谁还欠他们一个人情。

对于匹配者来讲人际关系中“公平”和“收支平衡”是很重要的。

看到这儿，你会把自己放在哪个类别呢？

据格兰特教授的研究，世界上大多数人是匹配者。索取者虽然会获得暂时的成功，但从长远来看并没有优势。因为在这样的成功之路上，索取者很有可能会把身后的路堵死，就像老话说的：出来混，迟早是要还的。

可给予者为什么反而会成功呢？他们看起来好亏啊，一直在给啊给的！在书里格兰特教授给出了三个基于研究的论点：

格局更大

作为给予者，他们关心的不是自己个人的得失，而是怎么才能让团队和周围的人更成功。因此他们必须站在更高的层面看问题，也因此更有影响力，并且最终获得更高的职位，这就是我们常说的格局。更高的职位不仅仅意味着更丰厚的报酬，也意味着要做更多的事情，为团队和公司或社会带来更大的效益。

圈子更有效

不像索取者老是想着怎么利用人家的人脉，给予者总是想着怎么才能分享自己的人脉资源，或利用自己的资源带着大家一起做事儿。人和人之间的关系是建立在信任之上的，而赢得信任又是建立在一起共事的基础之上的。所以最有效的社交是成就他人的社交。如果你能想办法让其他人更成功，那你不但更有信任度，而且也因此会更成功。

不怕寻求帮助

因为给予者在给予的时候没有总想着跟他人要回报，所以当他自己需要帮助的时候反而不会抹不开面子去跟别人求助。在他们看来，人与人之间互相帮助是再正常不过的事儿了，有什么不好意思的呢？

可能你会觉得把人分成“给予者”“索取者”和“匹配者”这三类有贴标签之嫌甚至有些简单粗暴，但作为一个社会科学的研究，通过大量数据分析指出一定的规律和建立模型是必要的。我相信在现实生活中，大多数人会在这三类之间游走。我自己一直信奉也践行着给予，但格兰特教授指出的第三点让我意识到我做得还远远不够。因为我在向他人寻求帮助的时候经常抹不开面子，可见在我深层的意识里总觉得我得给人家什么回报才行。我也确实认为一个可持续性的关系，一定是给予和得到相对平衡的。一味的给予和一味的索取都不可能构成一个持续的关系。就连格兰特博士也说在给予的过程中必要的自我保护是应该的，毕竟这个世界上有不少一味索取的人，且索取者可以是毫无底线的。

好吧，如果你现在被说服了不是成功才能给予，而是给予了才能成功，那接下来你可能要问“可我拿什么给啊？”

2. 我拿什么给予啊?

你信不信，就算是再有钱有名的人也有需要帮助的时候，而且就算再小再卑微也有可以给别人的。

前面提到的格兰特教授是 Facebook 首席运营官雪莉·桑德伯格的好友。在先生不幸心脏病突发过世之后，桑德伯格痛苦不堪。作为心理学家的格兰特在一次聊天中建议她想象事情还可能有多糟糕。这完全反直觉的建议反而让桑德伯格看到事情也许会更糟糕，比如她的先生可能在开车带孩子们出去时突发心脏病。这让她感恩其他家人还健康地活着，而这种感恩也帮深陷丧夫之痛的她减轻了一丝痛苦[①]。

所以帮助别人并不是说要做什么了不起的大事。也许就像格兰特教授这样，用自己的所长给人家一点建议就能帮上忙。而我们可以给别人带来的最简单且不需要任何特长更不需要透支自己，通常也是最有价值的帮助，就是鼓励和赞赏别人。

几个月前我应邀做了一次 TEDx 演讲。头天晚上所有 10 个演讲者集中预演，其中一位演讲者——哈佛大学医学教授专程从美国飞过来，飞机刚落地就赶到现场。轮到他的时候，他讲到一半就完全讲不下去了。等所有人都讲完，他又上去试了一次，还是不行，讲了几句就断片儿了。大家都替他捏了一把汗，还有不到 24 小时，他能准备好吗？

第二天正式演讲的时候，我是第二个上场的。讲完后正准备回到自己的座位，就在我一脚迈出后台时，我看到这位教授在那儿紧张地来回踱步。我把迈出去的脚收了回来，走过去跟这位教授说："一会儿你上去的时候，无论发生什么，你就继续讲，这是你的研究、你的故事，没人比你更清楚，所以管它的，就讲你的。我很想听完昨天你讲一半的故事，后来怎么着了？非常期待你的演讲！"

那位教授听完顿时两眼放光，点着头说："是啊，没人比我更明白啊！"

我回到自己的座位上，之后这位教授流畅地讲了一个关于情感健康的研究结果，我和下面几百名观众都因此受益了。而我除了失去跟他说话的一分钟时间，什么也没失去啊？！

帮助别人并不代表需要牺牲自己，别人获得也并不代表你一定要失去，不是所有事情都是非此即彼的。与其天天盯着自己怎么能抢到一块大饼，还不如想想如何把饼做大，这样大家分到的会更大。

---

① Sheryl Sandburg 2016年5月在加州伯克利大学毕业典礼的演讲"当悲剧来袭，要有扛过任何事情的能力"。

就算是你最终帮不了什么忙，单单是给人家一个肩膀依靠，一双耳朵倾听，甚至是你想要帮忙的发心就已经让人感激了。所以说每个人都有帮助别人的能力，只是你愿不愿意，你相不相信。

3. 我从哪儿开始呢？

从转换你的思维开始！ 如果你不能关注到他人，你就很难真诚地帮到他人。你不能关注他人是因为你的关注点都在自己身上。所以与其一天到晚都想着自己怎么才能成功，试着想想如何使你周围的人都成功。下面三个具体的建议供你参考：

少说多听多问

成为一个给予者往往需要改变习惯——从多说到多听到多问，从自我吹嘘到寻求建议。德勤前全球首席执行官吉姆·奎励杰先生曾经为自己设置了一个目标，即在开会的时候自己说话的时间不超过20%。他说，“我的一个目标是听。很多时候如果你知道该问什么而不是该说什么，你可以有更大的影响力。在说话的时候我学不到任何东西，而在听的时候，我反而学到更多”。他承认，“这样做一开始很不习惯，但你可以慢慢形成一个习惯”。①

跟别人聊天的时候，你也可以尝试少说多听多问，多问问“你最近怎么样？”而不是滔滔不绝地说自己那点儿事。经常不联系的老朋友打电话过来，在互相寒暄问候之后，我经常会单刀直入地问：“有什么能帮你的吗？”因为我知道对方很有可能找我是因为需要帮忙，所以与其等他说，还不如我主动问，这样会让对方更轻松。

---

① “Give and Take” by Adam Grant中文版《沃顿商学院最受欢迎的成功课（中信名校经典课程）》。

加入一个公益组织做志愿者

美国一个联邦机构在 2002-2012 这 10 年间跟踪调研了 7 万求职者，发现那些做过志愿者的相比没做过的，找到工作的概率要高 27%[①]。参与公益组织做志愿者除了一些显而易见的好处，比如帮助别人而获得的成就感、拓展人脉之外，还有很多，我也想分享一些自己的体会。

我在国际青年成就组织（Junior Achievement）已经做了 10 年志愿者，从一开始在大学做模拟面试、校园宣讲到后来设计和组织一些创新大赛并担任裁判等等。看到自己能为即将步入职场或创业的同学们带来一点思考，那种满足感和幸福感是肯定的。但除了这以外，志愿者工作从很大程度上也满足了我好为人师、渴望分享和发挥创造力的愿望，并且在能力层面使我获得了切实的提升，比如领导力。如果你能够忽悠得动志愿者，那你就具备在公司里领导团队的本事。因为志愿者没有任何物质上的报酬，作为组织者，怎么调动资源、激励志愿者、带领团队一起做事是非常锻炼领导力的。其次，锻炼沟通能力包括书面和口头的沟通能力也是另一个收获。刚开始做模拟面试和校园宣讲的时候，我有种媳妇熬成婆的感觉。可过完嘴瘾以后，我很快就意识到光靠打鸡血无法给同学们带来实质性的改变。我开始思索还有什么更有效的办法？后来我开始培训校园大使，甚至帮着 JA 在中国试讲一些国外引进的新课。这段经历也为我后来开自己的培训公司打下了基础。

几年前 JA 向美国坦普顿基金会申请一笔很大的赞助，用来支持“金字塔底层的社会创新”项目，需要有人写英文推荐信给坦普顿基金会。我绞尽脑汁写了推荐信，力荐 JA 以及该项目在中国可能带来的社会影响，最后在大家共同努力下拿下了那笔款项，成百个社会创新项目因此而诞生。

那次经历让我意识，到写作这个能力跟一个人的影响力直接挂钩。因

① Corporation for National and Community Service，全国社区服务机构，美国联邦机构。

为我在公司负责企业社会责任项目（CSR），但预算都是美国管，所以每年都要向总部申请，怎么写申请信才能说服美国总部，让他们同意把钱拨给JA而不是其他项目也是一个挑战。也因此，我对公益组织筹款产生了兴趣，这也就是为什么我目前分别为两家公益组织担任筹款人。一个是中美强基金会（U.S. China Strong Foundation），这是美国总统奥巴马和习近平主席共同推进的中美年轻人互相交流的项目，主要是帮助美国学生来中国学习中文。另一个就是这本书版税的受益方—EGRC（Educating Girls of Rural China）组织，帮助中国甘肃、贵州女学生上学，因为我坚信只有女性受了教育，社会才能进步。

参加公益活动和做志愿者的过程不但帮我提高了能力，还帮我了解自己的激情所在，可以说在我的职业发展中起到了决定性的作用。虽然现在总结起来好像很系统，但实际上在做的过程中并没有一步一步地想得那么清楚。因为尽管做志愿者有这样那样的好处，但是如果仅仅为了好处而做就又成了“匹配者”。所以听从你的内心，按照自己的爱好，选择一家你认可的公益组织，坚持去做就是了，回报是水到渠成的事儿。

做他人的榜样和导师

成为他人的榜样本身就是一种给予和帮助，尤其是对于女性来讲。众多研究指出，之所以女性在职场上提升的概率比男性低，其中很重要的一个原因就是缺乏榜样。毕竟无论是创业还是在企业，高层女性领导还是少数。全球500强企业的CEO中只有26位是女性[①]。在这种情况下，女性更应该主动承担导师的角色帮助其他女性，当然男性在这方面的责任更大！美国前国务卿马德琳·奥尔布赖特（Madeleine Albright）有一句名言，她

① LeanIn 和麦肯锡联合发布的报告 Women in the Workplace 2015

说“地狱里有一个专座留给那些不帮助其他女性的女性”。我不知道在地狱的男宾部是不是也有类似的专座留给那些不帮助男人的男人，或者不帮助女性员工的男领导。不管怎样，这样的专座最好还是空着吧。

让我们做一个给予和成就他人的人，因为不是成功了才给予而是给予了才成功。

总结

想到成功人士，我们会想到那些有竞争意识、强调保护自己利益的人。但是这些特质并不是成功的必需。事实上你并不需要处处赢、处处抢占好处才能成功。真正的成功人士不是你一分我一毛这样算计的。如果你和他人的关系建立在给予的基础之上，回报是水到渠成的事儿。

“成功”说到底是个“Being”（做人）的问题，“Doing”（做事）是路径，而“Having”（拥有）只是最终的结果。

小故事：

美丽动人的加利利海是以色列最大的淡水湖。起源于北端的约旦河，从阳光明媚的山上流下。高天流云下，湛蓝的湖面雪浪轻卷，百舸争流；水中游鱼如织，水草也在水底招摇；湖岸线上，万木葱茏，鸟声啁啾，人们则在海边安居乐业。万类皆因这湖水的滋润显出勃勃生机。

穿过加利利海，约旦河继续向南部，流入到巴勒斯坦和约旦交界的死海。这里没有鱼游动，没有鸟飞行，湖岸线上看不到晒太阳的游人。因为盐度太高，没有人或动物喝这里的水。生命在这里不存在，也没人愿意住在这儿。

你可能会问了：是什么使这两个邻近的湖有这么巨大的差异？流入两个湖的是同一条约旦河啊。

那这两个湖到底有什么区别？

加利利海接收约旦河恩惠，源源不断地注入了加利利海敞开的胸怀。但它从不保留。每流进来一滴水，就有另一滴流出去。加利利海在接受约旦河恩惠的同时也同样地付出。

但死海因为被陆地环绕，不与其他河流和大洋相连，导致它没有出口。从约旦河流进来的每一滴水都被死海死死地把持着，除了蒸发，水从没有分享到其他地方。

约旦河经流的两个湖。加利利海给予，所以生命一派繁荣。而死海只进不出，所以它变成了死海。

哪一个湖最能代表你和你的生活？你希望你是怎样的一个湖？

第八章　转型之痛

一、温水里的青蛙需要什么才能跳出来

二、冲破职场天花板到底靠什么

三、既然不想要剧透的人生，为何不享受当下的忐忑

四、你是自己故事里的英雄

五、如何一边朝九晚五一边为创业做准备

六、从斜杠青年到安可一族——你的人生下半场准备好了吗

一、温水里的青蛙需要什么才能跳出来

如果你在做令你兴奋的事情，你不需要被推进，那个愿景会拉着你走。——史蒂夫 · 乔布斯

If you are working on something exciting that you really care about you don't have to be pushed. The vision pulls you. – Steve Jobs

我的一些教练客户经常会提出这样的问题：

“我不喜欢现在的工作，但是又没有特别喜欢的工作，即使有也觉得自己没那个能力，感觉自己就像温水里的青蛙，怎么办？”

类似这样的问题还有：

“我在知名外企工作，各方面福利比较好——休假、弹性工作制，甚至提供高级健身房，出差也是住五星级酒店。可是我做具体执行工作，管理岗位看似也没机会。目前我工作没有激情，跳槽成本和风险又太高，何解？”

作为一名曾经在外企里泡了 20 年澡的老青蛙，我其实很能理解他们的感觉。处于这种职业发展不上不下的状态时，外人看着挺风光，自己却觉得很难受，可难受又没有难受到非动不可的程度，结果就这么别别扭扭

地继续当温水里的青蛙。

那青蛙怎么才能跳出来呢？回答这个问题之前我得先讲一个概念。

在组织变革管理中有个概念叫变革平衡公式①，简而言之就是要战胜变革带来的阻力必须要具备三个要素：

- Dissatisfaction：对当前形势状况的不满；
- Vision：对组织未来愿景的期望；
- First Step：迈向愿景，努力走出第一步。

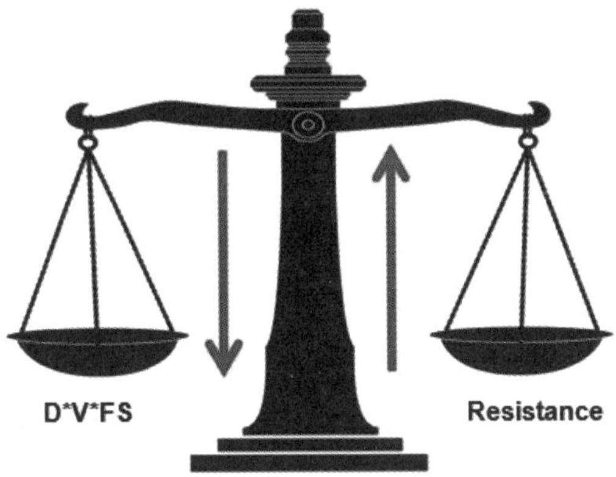

如果上述三项要素的乘积大于阻力，变革才有可能，而任何一项为零就没戏了。所以如果把这个概念偷梁换柱到个人的职业转变，包括职能转变（技术 vs. 管理）、行业转变（传统行业 vs. 新兴行业）。公司性质转变（外企 vs. 国企）等等任何或大或小的变化，道理是一样的。

组织中的变革是不同利益相关者之间的博弈。青蛙的变革是脑袋里一个说“跳”的声音和另一个说“跳什么跳啊，这不也挺好的吗？”的声音之间的博弈，也就是我们自己跟自己打架的过程。

---

① 理查德·贝克哈德（Richard Beckhard）是20世纪五六十年代组织发展领域的创始人，他和大卫·格莱西(David Gleicher) 提出了这个变革公式。

究竟谁能打赢，要看天平左边的三个因素是否能胜过右边来自你内心的阻力。

– 不满程度（Dissatisfaction）：你对你的现状是多么的不满意？

– 愿景（Vison）：你对自己未来的人生愿景是多清晰？多期待？

– 第一步（First Step）：你是否有足够意愿或者知道如何迈出变化的第一步，哪怕是很小的一步？

以上三条任何一条不够强烈，都不足以抗衡改变给你带来的恐惧。你内心里“跳”还是“不跳”的小声音天天打架，可是谁也打不赢。直到有一天也许你是真的受够了你的现状，也许你对你的人生愿景有了更清晰的方向，知道自己要往什么方向走了，也许你斗着胆子迈出了一小步，看看是怎么回事儿，就一发而不可收拾再也回不到现状了。总之，这三个因素任何一条不够强烈都不能让青蛙跳出来。

回到刚才的问题，对于大多数的温水里的青蛙来讲，“D”或多或少成立，也就是说对现在的工作并不是很满意但也还没有那么不满意。但是因为你的“V”还不清晰，也不知道不做现在这份工作那做什么啊？因此也就还没有迈出第一步，于是那个说“跳什么跳啊，这不也挺好的吗？”的内心小声音就暂时占了上风。

针对这样纠结的青蛙，我建议先不要焦虑能不能从温水里跳出来、什么时候跳这件事本身，因为你的“D”并不足以给你足够的动力去改变，即使有，那种为了逃离某种不满而改变的动力也不是持久的。此时，与其聚焦到什么是你不想要的，还不如关注什么是你想要的。因为你关注什么，你就会获得什么。

以下几个教练问题可以帮你聚焦于“V”和“FS”：

1. 愿景（Vision）

- 到底什么是你想要的工作呢？
- 理想的工作对你来讲具备哪些元素呢？
- 当你找到了自己理想的工作，你是一种什么样的状态？在那种状态里面，你看到你在干什么？

在这个阶段，如果你发现自己甚至不敢想一下自己的梦想，那么很有可能你被“对梦想的恐惧”这个小妖怪俘虏了。比起直面自己内心的真相，也许保持对梦想的迷茫让你感觉更舒服。在这种情况下，探索“愿景”是无效的。你需要打败这个小妖才能继续往下走，参见“转行有年龄天花板吗？”这一章。

2. 第一步（First Step）

在探索你喜欢的工作上，你能做哪些小小的尝试？比如学习自己感兴趣领域的相关知识等等。

你也许不需要马上跳，但把一条腿从锅里伸出来试试也好啊。当水足够烫的时候，你自然就跳了。

总结

如果你有一份稳定的工作但心里却不踏实，那是因为“稳定和踏实”是两个完全不同的概念。一份稳定的工作并不能给我们带来踏实的感觉。相反，有的时候，我们生活得越稳定心里就感觉越不踏实。因为如果没有照亮我们前行的那盏明灯，我们就只能摸着黑瞎打误撞，心里没法踏实。

所以温水里的青蛙之所以不能跳出来，跟水温并没有绝对的关系，关键是青蛙跳出来以后答不上来门口传达室大爷的那三个问题：

1. 你是谁?
2. 你来干什么?
3. 你要去哪儿?

二、冲破职场天花板到底靠什么

你不面对的恐惧将成为你的天花板。——罗宾·夏尔马（美国畅销书作家）

The fear we don't face becomes our limit. – Robin Sharma

几年前，我感觉工作的激情不温不火，也看不到有什么上升空间。我问自己，难道我终于撞到了传说中的玻璃天花板？我不死心，下决心从公司内部的 IT 部门转去做一个更能贴近客户了解中国国情的工作，拓展一下自己的能力。正巧当时我们公司新来了一个中国区总裁需要一个做政府事务的人。但是作为一个工科女，做了 11 年 IT，我一无相关经验，连政府的门朝哪边开都不知道，二无背景，这份工作所需要的又红又专我一样都不占，凭什么我能转去做这么高大上的活儿啊？

其实在职场上关于天花板的传说很多，不光有被职业女性说烂了的“玻璃天花板”，还有“年龄天花板”“学历天花板”。我有很多教练客户在考虑转行或创业的时候担心自己年龄太大、没有相关经验等等。其实大多数人连所谓的天花板长得啥样儿都不知道，就坚定不移地相信有那么一个天花板，自己随时都可能撞到。天花板如果有也一定比你想象的要高，不然的话褚时健不可能在72岁转行去种橙子，里根也不可能70岁入主白宫当总统。

但大多数人在并没有努力到真的看到天花板（更别提撞到了）的程度就已经放弃了。甚至很多时候，我们还没出发就已经自己把自己吓死了。为什么呢？这必须得怪我们内心那些喋喋不休的小声音，在埃里克森教练体系里我们叫作“四小妖怪”[①]。我们先看看它们都是什么货色，且以什么样的形式阻挡我们的成长之路，再说说怎么打败他们？

1. 内心中的“小妖怪”

对梦想的恐惧

被这个妖怪降服的人还没出门就已经把自己给捆住了。对于他们来讲梦想就像太阳一样，美丽炫目却不敢盯着看。除了保持现状，他们看不到自己还有什么选择。这个小妖怪常说的话就是：“就你还配拥有梦想？”或者“你以为你是谁啊，还想怎么样？”

这种小妖怪最擅长的就是编写自己的小电影。他们总是能将开始追求梦想后有可能遇到的种种困难想象得非常逼真，甚至到绝望和走投无路的状态，尤其是“要是什么什么发生了怎么办？”能让他演绎得好像已经发生了，世界末日已经到了。

对他们来说，梦想令人恐惧。比起直面内心的真相，保持对梦想的迷茫也许让他们感觉更舒服。

对失败的恐惧

有些时候，我们被自己的梦想激励想要采取行动追寻自己的梦想，但

① Four Big Gremlin，四小妖理论来自于加拿大埃里克森教练体系。

还没迈出第一步或者在实施中遇到困难，就被“对失败的恐惧”这个小妖怪降服，有时它也被称为“受害者认同”。这个小妖怪总是对自己过去的失败经历念念不忘，它常说的就是：“你想没想过搞砸了怎么办？你看着吧，你还会失败的！失败了就什么都没了！”

这个声音还常常消极地让我们把自己的能力、计划和资源与他人作比较。如果你听信这只小妖怪，你会一直跟自己说“哎，像我这样的人永远不可能做成这件事，因为我太老了/太年轻了、学历太低了/太高了、太胖了/太瘦了、太穷了、太笨了…… 因为我是男的/女的”。

总之，我就是个错误，我没有能力，我是受害者。所以我做不到。听上去熟悉吗？

我们内心的妖怪千奇百怪，除了上面谈到的那些，还有怕失去认同的恐惧和对冲突的恐惧，甚至有对成功的恐惧，还没出发就担心自己成马云。不管这些小妖怪长什么样，以什么形式出现，有一条是肯定的，每当我们要做出某些改变或尝试的时候，它们总是“及时”地跳出来坏我们的好事。

这些小妖怪当然不是真的妖精，它们也许是过去失败经历给我们带来的痛苦记忆，也许是曾经无数次打击我们、质疑我们的那些人（包括父母和老师）化身成的“小妖怪”。而那些内心强大的人通常从小生活的原生家庭和成长环境非常健康、平等、开放，没有滋生这些“小妖怪”的土壤。虽然我们不能选择自己的成长环境，但是我们可以通过自我教练打败这些小妖怪。

2. 战胜内心的“小妖怪”

小妖怪虽然很顽固，但好消息是，很多时候，当我们看到这些小妖怪的时候，它们嚣张的气焰就已经减弱了一半，它们比我们要心虚，因为它们不是真实的，我们才是!

更好的消息是，当你看到小妖怪的时候，你并不需要跟它一般见识去上演一场人妖大战。你只需要跳过它，把你的目光放在未来，聚焦于你想要什么、你想要成为什么样的人，而不是试图克服你臆想出来的困难。否则在这场人妖大战中，你一定会输的。

看到自己通过一步一步的细致行为实现了什么，这会帮助我们很好地完成目标，让我们在必要时为困难做出应急计划。

关于恐惧有一个说法是：恐惧不过是那些看似真实的假设而已。

FEAR = **F**alse **E**xpectation **A**ppearing **R**eal

你所恐惧的事情本身没什么大不了的，但恐惧这个情绪本身却让我们止步不前。换句话说，我们的无力感并不来源于外界环境，而是来源于自己内心。但是因为抱怨外界环境比直面内心要容易很多，所以我们就一直躺在那儿从地板抱怨到天花板，反正我的无所作为都不是我的错。

回到我刚才的故事，当我想要转行的时候，我的“梦想小妖怪”和“失败小妖怪”联手向我发起进攻，让我无从招架，驻足不前。那时候我反复问了自己这些自我教练问题：

1. 你到底害怕什么?
2. 你害怕的如果发生，那最糟糕的情况是什么?
3. 你能接受最糟糕的情况吗?
4. 你能做什么去减少上述风险?

这几个问题问下来，我发现我最怕的当然是失败，丢了自己的脸就算了，要是坏了公司的事儿就惨了。但同时我发现有很多办法可以降低风险，最起码不会败得太惨。最差的结果不过是回去继续做我的老本行，而这也完全是我所能接受的。这样想我感觉清晰了许多，但我还是不敢迈进老大的办公室。

后来我想到我以前的老板曾经跟我说过，你每次往上走一个台阶都要立足于自己现有的基础之上，看看怎么能够在新的工作里用到你现有的经验、技能和人脉。想到这儿，我就做了一个对照表，把政府事务工作所需要的技能和我已有的一一列出来，发现差的其实也没那么远。我以前的工作是解决 IT 技术问题，政府事务也是解决问题，只不过是不一样的问题而已。而且这两样工作也都需要和人打交道，从本质来讲大同小异。

想明白以后我就真的拎着那张对照表去找老板说去了。问题是他新来乍到，也不知道我是个什么货色，怎敢随便要我，弄好了我是帮他忙，弄不好就成了帮倒忙。于是他到处打听，从中国区打听到亚太区，然后到美国总部，最后发现我的口碑还不错（此处省去 100 字自我赞誉之词），最后就欣然给了我这个机会，让我实现了一个看上去完全不可能的转型。

这个例子还说明恐惧本身是不理性的，但我们可以很理性地对待它。当我把自己的技能和担心的事情列出来，然后一个一个去面对它、挑战它、质疑它的时候，小妖怪就不打自招了。当然前提是，你确实要有一定的积累，无论是知识、技能、人脉还是口碑。

任何变化都不容易，无论是换工作还是转换行业 / 职能。面对困难，有人把它当作撞不过去的天花板，有人把它当作一扇虚掩的门，使劲一推就过去了，即使推不过去也还可以拿脚踹。我们每个人看到的都是我们选择看到的，是不是有天花板，要看你和你的小妖怪聊天聊得怎么样。至于你能不能伸手去推那扇虚掩的门，要看你是否清晰地知道门后面到底有什么值得你去努力和尝试?

这些小妖怪陪伴我们一生，如果你不刻意地去识别它，驱除它，它会一直黏着你。最可气的是，它并不会因为你越来越成功而渐渐远离你，相反越优秀的人就越怕自己还不够优秀不够成功。所以在走向成功的路上，我们变得平庸不堪，直到有一天醒了以后问自己“我怎么变成这样了”。

这就是为什么很多人深患“成功官能症”，从小到大无论做什么都要求自己只能成功不能失败，而且再成功也还觉得自己不够好。这样的结果是什么呢？就是我们没有勇气尝试任何新的机会！最后就只能归罪于天花板了。所以在讨论冲破玻璃天花板之前，我们需要扪心自问，真的有天花板吗？还是你的小妖怪化身成了天花板？

总结

美国著名主持人奥普拉（Oprah Winfrey）曾经说过：“勇敢的定义并不是你是否不害怕，你是否不哭，而是你害怕完了以后、哭完以后做了什么？”

未知和不确定给我们带来恐惧是正常的。但如果你能走进你的恐惧，认真地体会它给你带来的紧张，把紧张转化成可以操作的计划，把计划变成改变的行动，如果你真能这样，那些讨厌的小妖怪也就不那么讨厌了！

自我教练问题：

1. 如果管理岗位有机会给你，你在工作中会做出什么不同的改变？
2. 如果跳槽成本和风险都不是问题，你会跳到哪儿去？
3. 基于上面两点的回答，有哪些小小的尝试是你现在就可以做的？

三、既然不想要剧透的人生，为何不享受当下的忐忑

不确定性让人不自在，但确定性却是荒唐的。——伏尔泰

Uncertainty is an uncomfortable position. But certainty is an absurd one.

– Voltaire

“我很想尝试这个新的工作，但又怕不能适应新环境，怎么办啊？”

“我想出国念 MBA，但又怕念完了回来还不如现在挣的多，好纠结！”

通常来找我咨询的都是一些正在面临工作上重大选择或是转变的人，面对未知和不确定性，人们总是忐忑不安，总是希望我能给一些答案，至少得到些点拨。我也曾经很好为人师，但后来发现其实每个问题的实际情况都很复杂，来自外在的建议不一定是最合适的，因为只有自己知道自己要什么。所以作为教练，我的工作仅仅是带客户看到他们的盲点和误区，最终的答案还是要靠他们自己选择。

类似上面这些问题很多，但背后都有一个潜台词——既然不能保证胜券在握，为什么我还要尝试？关于变化有很多人陷入了三个误区：

误区 1. 把自己想象成变化的，把环境想象成不变的

20 年前我去美国读 MBA 的时候，在机场我妈哭成了个泪人，我想她是做好了 10 年看不见我的准备了。也难怪她这么悲观，那时候出国的人很多都是肉包子打狗一去不回，就连打个国际长途也还挺费劲的。可是很快互联网的风就刮到了中国，美国签证也没那么费劲了。第二年看见我妈的时候，我嘲笑她那几斤眼泪都白流了。

当面临转变的时候，我们经常把自己想成动态的，但却把大环境想成静态不变的。其实你和环境都是在变化的，而且都无法预测，尤其是外在环境。所以才说计划不如变化快。当然这并不是说我们不应该做一些分析，权衡利弊，而是说在任何时刻，我们都需要清晰地意识到，我们对未来的判断都是基于过往的经验，因此一定是有误差的。

想想看，为一个靠不住的判断而犹豫不前是不是很不值得？

误区 2. 一旦失败又回到原点

有个朋友想从体制内的工作换到外企做政府事务，但又犹犹豫豫的，所以来找我咨询。我问他你担心什么？他说最担心的就是去了外企以后不适应。我问了他一个问题：“好吧，就算过了几个月，你发现自己真的很不适应，那时候的你和现在的你有什么不同？”他想了想说：“那时候最起码我知道外企是什么样了，做政府事务又是怎么回事了。”

《功夫熊猫》里的熊猫阿宝就算跟师傅学了半天功夫，虽然最终还是没有成为“神龙大侠”而是回去卖面条，他也已经不是原来那个只会卖面条的阿宝了。他跟盖世五侠混过，得到了师傅的真传，还接受了乌龟大师的点拨。此时的阿宝和彼时的阿宝相比起来，区别不仅仅在于功夫，更在于眼界和格局。

所以即便外面的世界不是你想象的，即便你没有实现你原本想要实现的目标，你走了一圈以后又转回了原点，但那时候的你也已经不是原来的你了，因为你比以前更强大了。

误区 3. 把日子活成投资回报率的计算

很多人在改变的时候会担心失去机会成本。所谓机会成本，就是为得到某种东西而要放弃现有的一些东西的最大价值。比如如果去念全日制MBA，除了学费以外还意味着要放弃现有收入，对于很多人来讲这个成本会比学费更多。

但是你有没有想过，如果你走运的话，你的机会成本只会越来越大，不会越来越小。你只会比现在挣得更多，你只会比现在更忙，你需要放弃的只会比现在更多不会更少。到那个时候你的投资回报率（ROI）的计算并不会比现在更容易，只会更难。

生命是用来体验的，不是用来求稳的，为什么要把每一天都活成投资回报率的计算程序呢？如果换工作会怎么样，不换又会怎么样？要孩子会怎么样，不要又会怎么样。

体验和成长本身难道不就是回报吗？

人生最大的风险就是不冒任何风险。当然这并不是说我们不应该计算一下风险值，但你真的以为自己是算命大仙？人生的一切都是可以这样算出来吗？

乔布斯当年休学以后没课可上，看到书法大师美丽的手写字就跑去学书法。书法的美感、历史感与艺术感让他很着迷，后来他把这些从书法中得到的灵感都设计进了苹果电脑的多种字体，创造出第一台能印刷出漂亮文字的计算机。

后来他在斯坦福毕业典礼的致辞中讲到："在学校里不可能预先把点点滴滴学到的东西串在一起，唯有未来再回顾时，你才会明白那些点点滴滴是如何串在一起的。所以你得相信，你现在所体悟到的一点一滴的东西，将来会连接在一块。你得信任这些零零碎碎的东西，直觉也好，命运也好，生命也好。总之，是它让我的人生不同于别人。"

总结

生活中我们最大的错误就是总想要胜券在握。但你不是上帝，你永远不知道自己人生这幅画最后会以什么样的方式呈现，你唯一能做的就是带着觉知，认真地画下每一笔，带着好奇期待着下一笔，就像李宗盛讲的“每一步都算数”。

如果我们没有那么多势在必得的雄心，如果我们有的更多的是对自己的好奇心，在面临选择的时候就能更加听从内心。因为只有未来是未知的，人生才会是鲜活的。谁会想要一场剧透的人生呢？既然如此，又为何不享受当下的忐忑？

四、你是自己故事里的英雄

> **你是自己故事里的英雄。——约瑟夫·坎贝尔（美国神学家）**
>
> You are the hero of your own story. – Joseph Campbell

“英雄之旅”（The Hero’s Journey）这个概念最早来自于美国著名神学家约瑟夫·坎贝尔的《千面英雄》[①] 一书。他发现人类历史上，无论任何文化，神话也好童话也好，似乎都建立在英雄之旅这一基本构造之上。好莱坞剧作家克里斯托弗·沃格勒将约瑟夫·坎贝尔的理论结合卡尔·荣格的心理学思想，在他的《作家之旅》[②] 一书中提出了“英雄之旅”的故事模型，并将“英雄之旅”分成 12 个阶段。此理论一出，立即轰动了西方编剧界，也被公认为好莱坞电影人的必读书目。

后来这一理论被带入到组织发展和个人成长的研究中。从广泛意义上来讲，任何组织或个人经历的巨大转变，都可以用“英雄之旅”这个框架

① “Hero with Thousands Faces “by Joseph Campbell，中文版《千面英雄》。

② “The Writer’s Journey” by Christopher Vogler，尚无中文版。

来形容。因此，无论是研究企业变革管理还是个人的发展转型，它都是一个有用的框架。

我的博士毕业论文最后一篇要求对整个学习的过程做一个反思，文体不限。正好之前我在一个变革管理课上学习了“英雄之旅”这个模型，就现学现卖大胆尝试了用这个框架对我六年的博士学习和个人自我发现以及转变做了一个总结。 这篇论文最后非但一字未改就通过了答辩，而且还看哭了我的教授，其实我写的时候也把自己写哭了好几回。可见这个故事模型还是非常有力量的。我从论文中节选一部分进行了翻译和再加工，分享给大家，不是为了臭显摆，主要有三个目的：

（1）克里斯托弗·沃格勒认为 80% 的好莱坞电影都按照“英雄之旅”这个框架，但现实生活中不是每个故事都严格遵守这个流程，因为“英雄之旅”的几个阶段并没有严格的定义。尽管如此，作为讲故事的一个框架，这还是一个非常值得参考和学习的理论。

（2）教练包括自我教练的过程其实就是一个自我发现、自我实现的旅程，如果你想要做出改变，必然会经历种种磨难，但最终你是你的英雄。

（3）无论是学习也好、工作也好，每个人在做一件事情的时候都有外在动机和内在动机。在自我教练的过程中，我们只有清晰地看到自己的外在和内在动机，才能了解自己为什么在做这件事情的时候，会有这样或那样的感受。又如何才能自我激励实现蜕变的突破？

1. 平凡的世界（Status Quo）

六年前，我还在我的平凡世界享受着我的外企生活，但在我内心深处总有一个小小的声音，一直在问我：“有一天，当我离开这棵大树，脱去这些耀眼的光环，我是谁，我又能干什么呢？生命中一定有比实施 IT 系统更精彩的事情吧，但那又是什么呢？”

我没有答案。

尽管我渴望寻找更富有挑战的成长机会，但外企的工作环境是如此的舒适，虽说朝九晚五，但老板都在国外，时间也相对灵活。作为一个上有老下有小的中年妇女，我并不想有太过戏剧性的改变，比如创业之类的。

2. 冒险的召唤（Call to Adventure）

后来公司有一个高管培养计划，可以在职读取英国的工商管理博士（DBA），我毫不犹豫地就报名了，也得到了老板的支持。每个人在做一件事的时候都有外在动机和内在动机。老实讲，从小到大甚至到后来去美国念 MBA，读书都是以外在动机为主导的——为了能得到父母和老师的认可，为了能有一个更加美好前程。但这一次不同，这可能是我第一次不是以外在驱动为主的学习，因为到了这把岁数在公司的升职加薪并不需要有一个博士学位。但我也必须很不好意思地承认，想要在名片前加个“博士”头衔的虚荣心还是有的。

但不知为什么，我总有一种感觉，这次的 DBA 学习会为“我是谁？”，“我到底要什么？”提供一些线索。我也相信对于渴求挑战的我，以学习新的知识或技能带来的成就感为内在动力，会让我更享受学习本身的乐趣。

无知者无畏，我已经准备好了迎接未来新的挑战，或者至少我以为是这样的。

3. 跨过界限（Threshold）

从小到大虽然算不上什么好学生，但怎么说也是一路重点中学上来的，学习谁不会啊，考试能难倒谁啊？以前英语还没那么利索不也轻松拿下了 MBA，所以这次我感觉那博士文凭就是分分钟的事儿啊。

第一模块论文选题一开始，我就觉得不对劲了。这次似乎不大一样。它也确实不一样！ 首先，它不考试只是做研究！是的，我 20 多年前在新东方学的所有考试技巧都用不上了！ 这也就算了，这么多年工作下来，总可以研究一下怎么才能更好地解决工作上遇到的问题吧？ 老师让大家轮流上台陈述我们的研究课题，有人是“如何有效地管理兼并收购”，有人是“探索中国的渠道营销策略”。这些研究课题之宽泛听起来各个都像是世界小姐比赛最后的陈述，恨不能消除饥饿，实现世界和平。结果自然是都被老师打回来了，我们被要求聚焦聚焦再聚焦。

白发苍苍的英国老教授穿着红格子衬衫，站起来解释到；博士研究不是关于“如何”（How），那是研究生应该关注的，而是关于探索“为什么”（Why）——为什么世界是我们看到的这样。而博士学习的最终目的是要为知识体系做出贡献。我当时就懵圈了。如果学习“为什么”不能帮我回答“如何”，那意义何在呢？究竟什么才算是“对知识体系做出贡献”？又如何将“探索知识的性质”运用到工作中？这些问题像一片片巨大的乌云挂在我的头上。而当教授开始讲那些不同的研究方法时，我就更糊涂了。这听起来更像是哲学讨论啊？我开始怀疑这个博士到底是不是我要的？除了让我的名片上加上“博士”两个字，它还有什么现实意义？

4. 进入到新的世界（The New World）

根据坎贝尔的“英雄之旅”概念，在这个阶段，英雄进入了充满冒险的新世界，他将过往的生活模式抛在脑后。在接下来的旅程中，对新世界规则并不了解的他将通过一系列的考验和磨难。英雄必须学习新的技能，迎接新的伙伴，战胜新的敌人。

在我的新世界——学术世界里，我又有了什么样的奇遇呢？

新挑战：学术写作

我走进坦斯利教授的办公室，她拿出我的论文草案，操着标准的伦敦音说："Lin，这应该是一篇学术论文，不是一封冗长的电子邮件。"我尴尬地笑着，地板上如果有个裂缝可以让我钻进去，我宁愿再也不出来！

说实话我们这一代中国人都被"学好数理化，走遍天下都不怕"这句话给害惨了。从小到大，除了考试需要考作文，很少有老师家长提及过写作的重要性。工作以后的写作更多是实用型的，能把事情说明白就行了。即使是复杂的事情也经常是用"清单"（bullet points）的形式表达，反正也没人追求行文优雅。难怪我写出来的论文被教授说成"长邮件"。我本以为学术论文不过就是按照八股文的格式往里填内容，可教授又说"你要写得能让人有一篇一篇往下看下去的欲望"。我真是欲哭无泪。教授，我要是知道怎么写成这样我不早就这么写了？

此时距DBA开始已经过去两年了，有好几位同学因为种种原因或推迟毕业或退学了。战斗才刚开始，就已经失去好几位战友了。"这不是一个好兆头！"我告诉自己。

而我之所以还能苦苦撑着，还要靠我的学习伙伴和导师在这个过程中给予我的支持。

新伙伴

一开始，想到要自己一个人孤单地走过这艰难的博士之旅，就不寒而栗这不行，我得拉一个陪读的！我跟老公说，既然咱俩一起念MBA认识的，不如就一起念DBA吧。这一决定后来被证明是我做过的最明智的决定。因为我完全低估了自己即将面临的挑战和挫折，有一个人能跟我感同身受，是非常有帮助的，更何况这也给我们俩在除了孩子和家务之外提供了另一个共同的话题和经历。在接下来漫长的六年中，虽然我没法再像念 MBA 时候抄他的作业，但我们给对方提供的情感支持对于两个人来讲都非常宝贵的。

这也让我体会到真正门当户对的夫妻是能够共同成长的夫妻，真正禁得起考验的爱情是两人一起共同走过英雄之旅。

新导师

坦斯利教授简直就是上帝派来的天使。她不仅仅是我的教授，她更像是一个导师、一个啦啦队队长和一个教练。没有她，我绝没可能熬下来。每当我卡住了（我还卡住了不止一次），她不仅给我提供学术意见，还提供她专为孤独的博士生熬制的心灵鸡汤，让我备受鼓舞。

一个博士的英雄之旅并不是一条直线，这条路上充满了诱惑。有好几次，不是因为失去了耐心，就是因为觉得不新鲜了，总之我很想切换到别的研究方向。 而每当我走到一个十字路口，坦斯利教授并不急于指出哪条路才是最好的。她总是任由我去探索，耐心地陪着我。作为一个六十多岁的资深老教授，她深知如果我没有这样做的话，我会一直不死心。每次我都会像一个离家出走的青少年，在别的研究领域转个圈，觉得好像也走不下去了，又自己乖乖地绕回来了。而每当我回头之时，她就还在原地等着我，不带任何评判地接纳我这个浪子，就这样一直不离不弃陪伴了我六年。

我在公司做了这么多年领导，也自喻为领导力专家，但在坦斯利教授身上我才深刻地领悟到，真正的领导力是成就他人，并让他们到达自己从未想象过的高度，实现自己从未想象过的目标。事实上，一个真正的领导者可以帮助他人发现自己并成为自己心目中的英雄。

新知识

在开始DBA之前，我并不太理解“批判性思维”的具体涵义。潜意识里我将其等同于带有负面含义的“批评”。所以当我被告知在阅读参考文献的时候要挑战其假设、逻辑、论点、论据等等，最后发展出我们自己的观点，我和我的小伙伴们都懵了。

在中国教育体制里长大的我们，更注重死记硬背和解决问题，鲜有强调批判性思维。老师被尊为权威人士，不容质疑。白纸黑字的文献都是出自于专家，还有什么可以挑战的？而作为一名社会科学的研究者，质疑和批判性的精神是很重要的，对我们来讲也是最难掌握的。记得有一次一个老教授带着一堆餐具来到教室，他把一些长短大小材质不一的餐勺、铲子、叉子、夹子摊在我们面前问我们“它们的区别在哪里”。

同学们开始大声地说出他们的观察，“这是木头做的那是不锈钢的”“这是圆的那是椭圆的”“这有许多洞”等等。一个又一个同学喊出了自己的答案，但教授却不停地摇头。显然，我们没有一个人说出了他想要的答案。就在他即将放弃之时，我突然意识到他问的不是“它们的区别是什么？”，而是问“它们的区别在哪里？”。于是我脱口而出：“在我们的头脑里，区别就在我们的头脑和意识里！”老教授如释重负，终于有人说出了他想要的答案。

茶歇的时候，同学们开始抱怨：“我花了好几万英镑从中国跑到诺丁汉来学工商管理博士，难道就是为了研究这些破叉子烂铲子的区别吗？简直是浪费我的钱！”

相对于传统的课堂教学，这种启发式的教学显然不是我们中国同学所能适应的。虽然我在美国的学习和工作让我最起码懂得欣赏这类教学方式，但成为一个严谨的社会科学研究者所需的种种思维方式和技能对我来讲还是一个痛苦的学习过程，尤其是当进入论文的最后阶段面对终极考验时。

5. 终极考验（Ordeal）

在坎贝尔的《英雄之旅》的理论中，这一步是描述英雄到达最低点或最黑暗的时刻，他正在经历深刻的变革。前面所有的步骤都是为了准备这最重要的一步，实现终极目标。通过这一阶段，英雄决定做出一些改变，要么死要么获得重生。在这个过程中，英雄可以重温导师，但最后英雄将独自面对并战胜宿敌，获取新的知识和力量，并赢得这场战斗。

对于我来说，这终极考验就是我们最后答辩的论文。之前写的几篇全是练习怎么做定量和定性的研究，最后这篇论文则是要根据对文献的回顾，通过定量和定性的数据分析构建出最终的理论框架。

创建一个理论框架其实是一个创造和创新的过程，其最终结果是要通过新的理论为“知识体系”做出贡献。这其实和创业有着异曲同工之处，而这个过程之痛苦也堪比创业。

6. 转变（Transformation）

坎贝尔认为英雄的转变是他死亡或重生之前的最后一步。 经过这个旅程和在旅途中获取的新知识、新技能、新朋友、新想法，英雄发生了方方面面的转变，和出发时相比他已不再是同一个人。

在电影中，有时候英雄要经过一个身体上的转化（比如野兽变成了王子）。就我而言，除了因为要兼顾工作、家庭和学习而严重缺觉导致的皱纹和白发，倒也没有什么其他物理上的变化。我个人的转变发生在更深的层次，从一个实践者转变成一个理论家，从一个高管转变成一个高管教练。在这个过程中，我变得更加有觉知，我能感觉到我在逐渐剥离原先企业高管的身份（identity），并且走向一个更加真实的自我，同时也看到这种自我以不同的方式和新的身份呈现着。

虽然我还不能肯定这一新的身份是什么，但我敢肯定的是，我已经把旧有的身份认同摘除，并且带着新的思维和新的梦想走上了回家之路。令人感到讽刺的是，和“博士”头衔相比，这场英雄之旅本身以及在这个过程中我所获得的批判性思维能力、严谨的学术态度和自信，才是更宝贵的成果。我问自己：“如果我能活着走完这个艰难的旅程，那还有什么其他的挑战是我不能完成的？”

7. 返回（Return）

坎贝尔认为对于英雄来讲回到平凡世界的路并不一帆风顺。英雄已经拿到了他想要的成果，实现了他的目标，获得了新的身份，他也因此不是之前的那个人了。他试图在新旧两个世界中游走，但有时却会因新旧身份之间的冲突而纠结。

我当然也不能免俗。当我的论文接近尾声，我逐渐意识到，我再也不可能回到原来的世界，以同样的方式，做同一个工作，好像什么也没有发生。所以在跨国公司工作了 22 年之后，我终于鼓起了勇气辞掉了工作，成为一个专注于领导力和沟通方面的高管教练，并且接下来准备开创一个双语的访谈节目，而这也是我一直以来的梦想。

一次旅程的结束并不意味着整个比赛的终点。它通常意味着另一段新的旅程正在新的冒险召唤下拉开帷幕。当我开始创业这一新的冒险，我知道我将会在创业和企业这新旧两个世界中汲取力量，在实践者和理论家这两个身份中自由切换。

总结

虽然乍一看，我和“英雄”没有任何可比性，毕竟一说起英雄，我们总想起那些把生命献给了更高尚的目标和使命的人、比如邱少云、黄继光，总认为只有一个不平凡的人做了不平凡的事情才能称为英雄。但是我的英雄之旅让我意识到真正的英雄是像我们这样的凡人做出不平凡的改变。从我响应冒险的召唤，义无反顾地离开我的安乐窝踏上这条既迷人又孤独的旅途，到途中面对各种各样的障碍和诱惑而却步，到最终实现转变，在这个过程中，我不停地探索我的身份、价值观，不停地打破我对自己的各种限制性假设。

而当我终于适应学术研究这个新世界，我真心地能够体会到其中之美，感受到自我实现的成就感。最终当我回到我的平凡世界，我已经不再是六年前出发时的那个纠结迷茫的小女孩了。我发生了质的转变，对于创新创业我有了新的理解，对于“我是谁”“我想要成为一个什么样的人”也有了新的认识。

当我踏上新“英雄之旅”，开启我的创业之路之时，我必须感谢我的博士之旅给带我带来的信心和笃定。

每个人的一生都是一部电影，既然我们是自己人生的编剧，为什么不做自己故事里的英雄呢？

亲爱的，开启你的英雄之旅，走向你的成长之路吧！

五、如何一边朝九晚五一边为创业做准备

预见未来的最好办法就是创造未来。——亚伯拉罕·林肯

The best way to predict your future is to create it. – Abraham Lincoln

自从我在 TEDx 的线下活动分享了“梦想到底是个什么玩意儿”（本书自序部分），我也没想到自己的那些内心挣扎引起了那么多共鸣。朋友圈里一堆哭着喊着也要辞职的。我妈说你回头把别人都忽悠得辞了工作跑去追求梦想，你负责给人家发工资啊！

我不操心因为我知道绝大部分人都是过嘴瘾而已，我自己不也是意淫了多年？梦想很丰满，但现实确实很骨感，朝九晚五不是说走就走那么容易的。对于那些有想法却因为种种原因没行动的人，也许我能通过分享离开了外企这段时间痛苦的反思，帮助大家探索一下在保持目前朝九晚五的现状下，如何为自己今后创业做些准备？

毕竟这和普通的骑驴找驴不同。从一个工作跳槽到另一个工作，你大致知道要找的那头驴什么样。但创业就不一样了。从朝九晚五到创业，你需要从现在的驴上下来，然后得腿儿着走，最后你还得自己创造出一头驴（或是马）出来。

所以有什么是可以骑在现在这头驴上就能准备的呢？

首先我想把创业定义一下。以前我总认为创业是个特别玄乎的事儿，尤其是当人人都张嘴闭嘴“互联网 +”的。但现在我更倾向认为，凡是离开体制（包括机关、企业、事业单位）还能养活自己的都应该算作创业。

其次，从一个体制里跳出来创业，说到底其实就需要这几样：贼心 + 贼胆 + 贼本事。

——贼心就是我们常说的梦想。

——贼胆就是勇气，这里包括很多，放弃的勇气、接受失败的勇气。

——贼本事就是从现在骑的驴上下来，你靠什么往前走？

因此在探索“如何一边朝九晚五一边为今后创业做准备？”这个问题上，基本就是要解决如何找到贼心、贼胆和贼本事这个问题。

贼心的问题最多也最难搞。但凡那些把逃离体制弊端、远离无良老板当作“贼心”的都走不远。因为真正的梦想从来都是想要什么而不是不想要什么。当然很多人包括我，不是没有贼心的问题，而是花心的问题，想法一天一个却无法聚焦落地。

贼胆的问题也不少。除了没有稳定的收入，失去了身份认同和从 somebody 到了 nobody 的心理落差，还有很多恐惧因素。总之，你现在骑的那头驴越高大上，你下来的时候需要的勇气就越多。

贼本事也不容易。因为不管你再怎么会骑驴，下来拿腿走着的时候需要的技能还需要重新学习。

那么在一个体制里工作久了，到底从什么方面限制了我们的贼心、贼胆和贼本事呢？我反思起来主要有三点：

1. 缺乏对自身价值的定位：在体制内，除了那些直接面向市场的人，比如销售人员，大多数人的工资和为公司创造出来的价值并没有一个直接透明的连接。多数情况下，除了跟张三李四公司比较工资以外，大家并不清楚自己的市场价值，于是只能寻求其他参数来衡量。

在公司的时候经常有员工以年头待得长来找我谈涨级加薪。我总是反问他们，照你这个逻辑，那扫地的大妈如果在公司做上 20 年是不是也能当个 VP 了？很多员工认为 merit increase 是理所当然的，但多数人只关心 increase（增加），不关心自己是不是有 merit（价值）。有的时候，公司实在不能承担更多的实质性薪酬增加，就靠提高福利或放大头衔来满足员工。于是过度放大的头衔又给员工制造出另一种虚拟的幻像，以为头衔=价值。

2. 缺乏对自身能力的判断：很多公司，尤其是外企的企业文化强调人文关怀，但这样的文化如果没有一个有效的反馈机制，搞不好就成了“你好我好大家好”的文化。在这种文化下，老板如果不主动给员工建设性的反馈，一天到晚甭管干个什么都是“Good job！”“Well done！”（干得好！）。员工如果也懒得主动向老板要反馈，就等着一年半载才做一次的绩效考核，而且还只能报喜不能报忧。时间长了，员工会缺乏对自身能力和弱点的客观判断。

3. 缺乏对自身潜力的认知：体制内的工作，尤其是大公司，都是把一个大的工作切割成一小块，每个人只能做那一小块。长此以往，这样的结果就是，高估自己能力的同时低估自己的潜力。而当把自我认知和老板认可挂钩的时候，又会使得我们经常在自卑和自负两个极端之间游走。有时候觉得自己一文不值，有时候又觉得自己牛气哄哄，全看那天老板是给了张好脸还是臭脸。

这样的结果就是在体制里时间长了，连我们自己都不相信离开了它我们到底还能干些什么？ 所以尽管一百个不甘心不情愿，也就心不甘情不愿地待下去了。总之，我们就这样一步一步地在体制里越陷越深，也说不上是体制把我们给玩儿坏了还是我们把体制给整烂了。

那到底如何才能一边朝九晚五，一边为创业做准备呢？如果你认可上述我的几点反思，那么答案就已经不言而喻了。

1. 尽量往核心业务部门靠近：越靠近核心业务部门，越能够帮你看清市场的需求到底是什么，整个价值链是怎么运作的，也越能帮你看出你到底能创造出多少价值？比如销售就最能简单粗暴地看出一个人为企业创造出多少附加值。每个公司的核心业务部门都不同，而那些相对边缘化的职能部门固然有其重要性，但如果你有日后单飞或创业的想法，还是要想方设法往核心业务部分靠近。

2. 主动向老板寻求反馈：创业的多半是销售出身的另一个原因是，销售遭白眼遭惯了，心理承受能力比较高。但即使你不是销售，你也完全可以把每一个内部外部的业务伙伴当作客户来对待。

而且不论你做什么工作，你的老板就是你最直接的客户，因为他需要为你买单，所以你要积极主动地向老板寻求反馈，就算是负面的反馈也顶多让你听了以后流流汗，要知道出了体制以后，客户的反馈让你流的就不是汗，而是血了！举个最简单的例子，每次我写一篇“有意思教练”公号文章，阅读量就是读者的反馈，而且还是即时的。人家觉得文章有价值就看，看完还转，而每一次血淋淋的失败都让我很怀念以前老板的“Good job！”

3. 尝试不同的领域：相比起对自己能力的高估，对自己潜力的低估更可怕！高估了能力最起码是迈出了步子摔个跟头的问题，低估了潜力就连步子都迈不出。那怎么才能挖掘自己的潜力呢？

尽管你在公司里的职位是相对固定的，但如果写自己的工作职责，你会怎么写呢？这其中有哪些是你可以主动做的？有哪些项目是你可以主动举手申请的？有哪些社团是你可以参加并发挥你领导力的？有哪些公司外的兼职或志愿者是你可以尝试的？

其实在体制内尝试各种各样不同的角色是风险最小的试错，也是挖掘和发现自己潜力的最好办法。如果你也能做到上面说的几点，就算到最后你没去创业，你也定将成为企业里的优秀员工！

总结

从个人的角度来说，学习创业精神并不需要靠自己出来创业才能学到，我们也并不需要那么多创业者。事实上在保持朝九晚五的现状下，为自己今后创业能做的最好准备就是成为一个有好奇心、有求知欲、有主动性、不甘于现状而且敢于失败的好员工。不管你将来有没有创业的打算，没有创业精神的工作方式在这个时代终将被淘汰。

从公司的角度来说，如果企业的管理者不崇尚创业精神，没有给员工提供一个创业的氛围，那么在这个屌丝逆袭的时代，将会有越来越多有贼心贼胆贼本事的屌丝离开体制，宁肯飞蛾扑火也要探寻自己的价值。

自我教练问题：

1. 你想要通过创业实现什么目标？为什么这对你很重要？

2. 针对你目前考虑的创业目标来讲，什么叫作成功？你怎么知道你就成功了？

3. 为了能够成功创业，你需要具备什么样的资源和技能？在这两方面你的清晰度和准备度分别是多少？有哪些准备是你现在就可以做的？

六、从斜杠青年到安可一族——你的人生下半场准备好了吗

20 年以后你不会因为你做过什么而后悔，而是因为没做什么而后悔。——马克 · 吐温（美国作家）

Twenty years from now you will be more disappointed by the things that you didn't do than by the ones you did do. – Mark Twain

"难道这辈子就这样了吗？"你心里是否曾经出现过这个声音？

就在大家还在热烈讨论斜杠青年的正确打开方式，最早提出这个概念的前《纽约时报》作者 Marci Alboher 已经将焦点从多重职业转向了安可职业。

在她的新书《安可职业：如何拥有不同的人生下半场》[①] 里提到：就像演唱会结束后歌手可以重返舞台，再唱一首安可曲（encore），人到中年也可以重新开始追寻一段结合个人梦想、社会公益并有稳定收入的安可职业生涯（Encore Career）。

在此之前，我一直不知道怎么跟别人介绍自己，说我是斜杠青年老了点，说退而不休小了点，现在我终于可以坦然地跟别人介绍自己为"安可一族"。如果说多重职业正在成为全球新趋势，那么安可职业正在成为自 20 世纪 60 年代妇女解放以来为社会带来最大红利的一股力量。而我身边也不乏成功的安可一族。

就像斜杠青年的出现并非偶然，我认为安可职业不仅是社会发展的必

① "The Encore Career Handbook: How to Make a Living and a Difference in the Second Half of Life"，尚无中文版。

然现象，更是这个时代人们梦想与现实碰撞的必然结果。因此无论你是在你的人生上半场还是下半场，你都需要为自己的安可职业做打算。

1. 为什么你需要为安可职业做打算？

在美国有个很流行说法，60 是新 40，40 是新 30（别问我 50 去哪儿了）。这并不是自我安慰，而是当绝对寿命逐渐增加，相对来讲如何定义中老年就跟着调整了。100 年前当人类平均寿命不到 50 岁的时候，连青春期这个概念都没有就更别提退休了。退休，这个人为定义出来的概念是第二次世界大战以后才慢慢形成的。

根据 2015 年统计，中国男性平均寿命 74 岁，女性 77 岁。而 20 世纪 50 年代中国人的平均寿命才不到 50 岁。假设你 55 岁退休，你要活到 85 岁，这中间 30 年你打算干嘛呢？旅游？打高尔夫？那也不可能天天吧？有那么多钱吗？

作为一个老龄社会，“未富先老”是中国面临的严峻问题。但比未富先老更糟糕的是未死先穷。在美国，越来越多的老人面临一个很现实的问题，那就是人还健健康康地活着，但存的钱却花完了，没想到自己会活那么长，结果一不留神成了老不死的。

即使钱不是问题，也并不代表你就真的会享受什么都不做。人的本性里有为他人和社会创造价值的渴望，含饴弄孙可以是一种选择，但不该是唯一的选择。退而不休，找到适合自己的生活方式、节奏和财务需要的安可职业也可以是另一个选择。

更何况大多数人上半场的职业多为无意识或不得已的选择。但在开启人生下半场时，你多少也积累些能力、人脉和财务基础。更重要的是，比起年轻时候，你可能对自己的认知也更清晰，更有安全感，也感受到帮助他人的乐趣。此时的你可以理直气壮地说：“不，这辈子不一定就这样了！”

作为安可一族，我和很多人一样，在探索职业生涯的过程中走了很多弯路后才明白自己到底想要什么，擅长什么，但过去20年看似茫然的探索和无谓的尝试在我看来并不是浪费。我很喜欢心理学家卡尔·荣格（Carl Jung）说的一句话："40岁人生才刚刚开始，之前你不过是在做调研而已。"

就算你心无旁骛，只想老老实实把自己的工作做好，踏踏实实地拿你的退休金，可是计划赶不上变化。公司裁员不由得你，心存侥幸不为自己做二手准备，只会在真正发生时深陷受害者情结里。"我对你那么好，你怎能这么对我？"其实公司又不是自然人，何谈欺骗呢？

记住：你可以很爱你的工作，但它并不爱你！

所以不管你是人到中年想要华丽转身，还是遭遇裁员被迫转换跑道，无论是出于理想还是现实，都需要及早为自己人生下半场做打算。

2. 什么限制了你的安可职业？

很多人的确不甘心这辈子就这样了，想要开启属于自己的安可职业，却又不知从何开始。我在探索过程中以及在做教练时，也看到一些有共性的问题。知道不该做什么比知道该做什么更有价值，尤其是对那些刚刚开始职业生涯上半场的年轻人来讲更有意义。

没有兴趣爱好

有一个客户找我咨询说"我想找一个能和自己兴趣爱好相结合的事业"。

"好啊！那你都有什么兴趣爱好呢？"我问她。

"没有什么。"她说。

"呃，这个……"我无语了。

没什么兴趣爱好是我们这一代中国人的悲哀。

我曾经带一个美国老板去天津的工厂见他的团队。第一次见面，作为破冰，他问大家都有什么兴趣爱好？再普通不过的问题了，可他得到的答案却一个比一个更让他咋舌。

有人说“抽烟”，有人说“喝酒”，有人说“睡觉”，还有人居然说“做白日梦”。从会议室出来，可怜的美国老板一脸懵圈。我只好解释说，哎呀，可能我们中国同事英语不大好，不知道怎么说自己的爱好。其实我心想：哎，在中国我们只在乎考试成绩，谁管你有没有兴趣爱好啊，除非考试加分，那另当别说。

人生上半场忙着谋生，等到了下半场想要生活的时候，却发现连个兴趣爱好都没有。其实谋生和生活并不矛盾！我们应该从年轻的时候就开始发展自己的兴趣爱好。

错把兴趣当职业

在讨论未来可能的安可职业时，有不下十个人（多数为女性）跟我说她们以后想要开个咖啡馆。我总是问她们同一个问题：

“你会因为爱喝可乐就买可口可乐公司的股票吗？”

“嗯，当然不会。”

“那你为什么因为爱喝咖啡就认为应该开个咖啡店呢？”

虽说做你爱的、爱你做的（Do what your love, love what you do）是工作的最高境界，但这并不代表在选择职业的时候一定要把兴趣爱好转化成职业。你需要深挖一下兴趣爱好背后的意义。爱画画可能是享受艺术创作，但并不一定就要成为画家，因此你的安可职业可以是任何能让你发挥艺术创作的职业。

当然，我也确实见过因为喜欢做瑜伽就自己开了个瑜伽馆结果很成功的，但自从她开了瑜伽馆以后，自己反而经常忙得没时间做瑜伽了。所以，有时候把兴趣就留作为兴趣也不失为一种选择。

光说不练

很多人不甘心于这辈子就这样了，也有一些想法，但光说不练。这其中当然有很多现实的考虑，比如是否有足够的财务基础及相关技能，所以他们总是在考虑和研究中。

其实什么研究都不比上自己去做，不做不知道，一做吓一跳。尤其是当兴趣变成职业的时候，你会发现，你以为感兴趣的职业也许并不是你心里想象的。

比如很多高管都好为人师，所以想当然认为当个培训师或者高管教练是个自然的安可职业选择，可你懂和教别人懂完全是两码事儿。教练更不是让你用自己的经验指手画脚他人的生活。很多事情不是演而优则导那么简单的，只有尝试了才知道。

尝试不但让你知道自己还缺什么能力，更重要的是让你知道自己还有什么潜力。

现在的科技让我们学习任何一项新技能都变得更容易，尝试的门槛也都变得更低，失败的成本就更低。所以说我们生活在最好的时代，科技让探索自己的潜能变得更容易。

一年前开始写“有意思教练”微信公众号之前，我有 20 多年没正儿八百写过中文了，更从来没把“写作”跟自己联系在一起过，且不说写的好赖，我就根本没有意识到我喜欢写作。如果没有当初的尝试，也就没有今天这本书了。

所以如果你不知道自己喜欢什么、擅长什么，那很可能是因为你尝试得不够。

如果你兴趣太多不知道要做哪一个，那也是因为你尝试得不够！你尝试了就知道要怎么筛选了。

从这个角度来讲，做一个斜杠青年是为将来选择安可职业最有效的准备。多重职业和多重身份可以让你在合适的时机更轻松地完成主业和副业之间的转换，以及上下半场身份的转变。

总结

不管你是人到中年想要华丽转身，还是遭遇裁员被迫转换跑道，无论是出于理想还是现实，我们都需要及早为自己人生下半场做打算。因为什么时候开始计划你的人生下半场都不早，想要预见未来就要创造未来。什么时候开始追求你的梦想都不晚，梦想没有保质期。对于那些不甘心这辈子就这样的，我想邀请你问自己一个问题："如果你真的不甘心这辈子就这样了，那你到底要哪样呢？"

马克·吐温说："20 年以后你不会因为你做过什么而后悔，而是因为没做什么而后悔。"

20 年以后你在做什么？你会因为没做什么而后悔？

职业可以安可，人生没有返场，无论是斜杠青年还是安可一族，为 20 年以后的你迈出今天那小小的一步吧！

自我教练问题：

1. 在过去的工作中，哪些工作让你感到最有意义？最有乐趣？

2. 目前为止，你最大的职业成就是什么？哪些卓越的能力让你实现了以上成就？

3. 什么样的安可职业选择可以让你实现上述意义和乐趣，并且能发挥你卓越的能力？

第九章　写给年轻的你——职业规划

一、不再迷茫——以终为始的职业规划

二、斜杠青年如何找到自己核心竞争力

三、风来了，年轻的“猪”该怎么办

一、不再迷茫——以终为始的职业规划

没有愿景，就没有希望。——乔治 · 华盛顿 · 卡弗（美国生物学家）

Where there is no vision, there is no hope. – George Washington Carver

有一次，我在北京某著名高校为 EMBA 的学生讲职业规划，大礼堂上面的电子屏幕打出来演讲题目，我仔细一看，发现题目写颠倒了，成了“做一个以始为终的职业规划”。我把学生叫过来改，她困惑地看着我问：“老师，怎么可能是以终为始呢？我都不知道自己的终在哪儿啊？”

呵呵，这就是问题啊！

在演讲现场我通过 UMU 互动平台和同学们进行一个实时问卷调查，问了以下三个教练问题：

1. 如果知道你不会失败，你现在会在职业发展方面做些什么尝试？

2. 如果年龄和钱都不是问题，你拥有无限的资源，你想干什么？

3. 如果有人高薪聘请你为了让这个世界变得更美好而工作，你会做什么？

这三个问题大同小异，都是从不同角度挖掘我们内心究竟最在意什

么、最向往什么。现场123位同学通过UMU互动平台在手机上提交了五花八门的答案，比如：

“帮助更多的失学儿童重回校园；自主创业；海外深造；多生孩子；开N个免费健身房；拍电影或者有自己的画展；教贫困地区小朋友英语；做非盈利组织（NGO）相关的工作……”

这些答案每一个都充满着大爱，洋溢着对生活、对世界、对周围的人和环境的热情。经过对答案中关键词的排序，按出现次数最多依次排序结果为“创业”“教育”“公益”“帮助”“环境”“环保”“世界”“生活”。

但在我演讲之前，同样这拨同学填的职业规划调查问卷结果却是这样的：

Q：如果换个行业，你的目标行业是什么？

A：银行，证券，互联网

Q：如果换个职业，你的目标是什么？

A：销售，市场

看出来了吗？这些最高得票的职业选择根本没出现在我问的“梦想工作”关键字里。

可能你会说理想很丰满，现实很骨感。是的，所以为了走出骨感的现实，我们总是忙着跳槽转行，可丰满的理想还仅仅是在梦里。大多数人的职业规划（包括以前的我），只是从现状出发，目标仅仅是比现在过得更好一些。但是变革平衡公式告诉我们对现状的不满并不足以构成转变的力量，即使能，那些与自己终极目标关联度不高的跳槽和转行，也并不能给你带来真正的满足。

进入银行、证券、互联网没有对错可言，做销售和做市场也都是很好的职业选择，但这些不可能是所有人的梦想，很可能只是通向终点的路径。我们需要一个以终为始的职业规划，用自己的人生愿景来指导自己的职业方向，衡量自己的成长与进步。你的人生愿景就是那个“终”。如果我们总是等着拥有无限资源的时候再去追求丰满的理想，那很可能会一直活在骨感的现实中。

如果说职业规划是用 GPS 为自己从起点到终点设定一个路径的话，那么终点就是你最终要实现什么样的人生愿景，你的人生使命是什么？起点就是以你现在的技能知识能创造出多少价值，而价值观就是选择路径的标准。你是想追求速度还是想要看风景？你是想省时间还是想省钱？有了标准 GPS 才知道要怎么规划路线，是建议你做公交还是步行、走高速还是抄小道。

我们只有对起点、终点和选择标准有个清晰的认识，才能建立一个以终为始的职业规划。当然了，这个规划并不是一成不变的，就像路上会遇到堵车、修路、天气变化，我们需要随时修订自己的路线，我们的标准（价值观）也会有所变化，但这种有意识的修订和随波逐流的盲目选择是不一样的。

接下来让我们一起来看看终点、起点和标准究竟是怎么定义的？又如何能通过自我教练为自己做一个以终为始的职业规划呢？

1. 终点——人生愿景

每个公司都有自己的愿景，也就是它存在的意义，通常以“愿景宣言”（Vision Statement）来陈述而“使命宣言”（Mission Statement）就是打算通过做什么来实现那个愿景。一个公司，无论大小，如果它的存在对社会没有任何意义，就不可能生存。

人也一样，没有愿景的人生在我看来就是死一样活着，像个植物一样，有生命无灵魂。每个人无论现在起点在什么地方，都可以有自己的愿景，确切来讲，就是你要为自己和他人创造什么价值？这可能是个相对宏观的概念，而我们的使命则会更具体一点，也会随着不断的成长而有所调整。

现在我邀请你为自己写下你的人生愿景和使命。

我的人生愿景是：

比如：为他人创造价值

____

我的人生使命是：

比如：分享知识和思想；保护野生动物

____

如果你会画画，我建议你把自己的愿景画出来，经常看看激励自己。也许你会说这种自我激励不持久啊，说不定过两天就又被现实打回原形了！但是吃饭喝水洗澡上厕所也都不持久啊，今天吃完了明天还得吃，洗一次澡也不可能坚持一个星期，那你为什么还要做呢？因为你需要！所以我们需要像吃饭上厕所一样，天天思考自己的人生愿景和使命，才能保证自己不会跑偏太远。

除了刚才我问同学们的那几个问题，还有很多问题可以帮助自己探索人生愿景和使命：

- 当你80岁的时候，给你的孙子讲自己的一生，你会希望那是什么样的结果？
- 如果一切可以重新开始，你会做出什么样的改变？为什么？
- 从小到大你思考的最多的是什么问题？为什么？

还有一个最简单直接但我们却很少问自己的问题就是："你到底想要什么？"

如果你发现自己回答不上来这些问题，没关系，那就花点儿时间想想吧！ 很多人不习惯问自己到底想要什么，因为很久以来我们都是以我能做什么、该做什么、父母要我做什么为坐标的。即使偶尔意淫一下，但刚冒出一个想法就被自己内心的小妖怪给打回去了。

曾经有一个年轻的教练客户在跟我说起她的人生使命时，支支吾吾半天，最后才低着头轻声说："我想做一个社会企业，解决社会问题，可我怕别人说我假正经，所以从来没跟别人提起过"。所以，在做这个练习的时候，你需要暂时把你的小妖怪请出去（也把父母长辈都请出去），坦诚地、不加任何评判地回答这些问题，再疯狂再离谱的答案都没关系只要是你真正想要的，因为接下来我们会对自己目前的起点做一个定位。

2. 起点——你值几斤几两（Know your value）

起点并不仅仅指的是现在的学历、工作，这些固然重要但是最重要的是你的价值。价值不是你的薪水，而是以你目前的知识技能、你的智商（IQ）情商（EQ）好奇商（CQ）和合作商（WeQ）、你的人脉、资源等等综合因素，你能为公司、客户和社会创造多少价值。说白了就是你值几斤几两。薪水可能是这里最不靠谱的衡量标准，有的人拿着高薪，但是知识技能早已经落伍，如果又没有一个好学的态度，那这个人的价值可能就很低。

只有客观地知道自己当下的起点在哪儿，才能更好地规划通向未来的路径。现在就为自己的技能和特长做一个盘点吧！做这个练习主要靠自我观察、自我反省，但他人的反馈也同样重要。

1. 到目前为止，你最大的成就是什么？（列举至少三条）

____

____

____

2. 你认为自己哪方面的特长帮你实现了上述成就？

____

3. 别人经常跟你说你哪方面比较出色？

____

3. 标准——你的价值观（Know your value system）

为什么探索价值观特别重要呢？因为价值观主导我们的思想和行为、分辨好坏是非以及重要性。如果你的职业选择和价值观不符，就会感到纠结。所以我们对自己的价值观越清晰，在面对种种职业选择和诱惑的时候，选择就越轻松。价值观是一种深藏于内心的准绳，谁也不会天天把自己的价值观挂在嘴上，可能也正因为此，很少有人仔细琢磨自己的价值观到底是什么。但是作为教练，我们如果需要跟客户一起更深层次地探索他们行为背后的原因和动力，就必须跟客户一起探索他/她的价值观。

最简单的办法就是问客户“为什么那件事、那个工作、那个人对你很重要？”

比如我曾经有好几个教练客户纠结于到底要不要上 MBA，担心投入产出比不值得，我就会很好奇地问他/她：“你为什么要上 MBA？你想要通过 MBA 得到什么？为什么在现在这个人生阶段，这对你这么重要？”

有的人答念了 MBA 对自己的职业发展有帮助，也有人是想要挣到更多的钱，还有人就是想要拓宽自己的眼界。这都没关系，关键是不要就此驻足，要一直问，问到底。那为什么挣钱对你来讲这么重要呢？你会发现也许都是挣钱，每个人的为什么都不一样。比如：

有的人是想挣够了钱去周游世界。对于他们来讲，自由很重要。

有的人是想把钱给爸爸妈妈。对于他们来讲，亲情很重要。

也有的人就是想挣够了钱，就可以去做自己真正想做的事了。对于他们来讲，梦想很重要。

知道这些标准对于我们规划什么样的职业路径很重要，尤其是当我们站在岔路口、面对职业选择的取舍之时，有一个清晰的价值观会让自己的选择更从容，而一个与自己价值观不符的工作再怎么耀眼，最终也不能给你带来满足感。

“Why”是一个很强有力的问题，当你一直问“为什么”，你会发现我们的核心价值观其实就那么几个：爱、平和、自由、公平、健康、挑战、成就感……物质享受也完全可以是我们价值观中的一部分，毕竟肚子都吃不饱也很难想其他的。

总结

认清了自己的起点、终点和标准，在职业方向上无论是转行、转型还是转身，很多大方向的问题就有答案了。但是到了具体操作层面，我们还需要根据很多其他现实因素来制定具体的行动计划，才能在丰满的梦想和骨感的现实中做到像冯仑说的“在追求梦想的路上顺带赚钱”。

二、斜杠青年如何找到自己核心竞争力

你不可能有一个绝妙的人生，除非你有一个有意义的人生。而你难有一个有意义的人生，如果没有一个有意义的工作。——吉姆·柯林斯（管理学者，《从优秀到卓越》作者）

It’s impossible to have a great life unless it’s a meaningful life. And it is very difficult to have a meaningful life without meaningful work. – Jim Collins

斜杠青年这一概念来源于前《纽约时报》专栏作家玛西·埃尔博尔（Marci Alboher）在《一个人，多重职业》书中指出如今越来越多的年轻人不再满足“专一职业”这种无聊的生活方式，而是开始选择一种能够拥有多重职业和多重身份的多元生活。这些人在自我介绍中会用斜杠（Slash）来区分不同职业。

作者 Marci Alboher 自己就是作家 / 演说家 / 写作教练，她认为这才是新一代年轻人“工作和生活成功的新模式”。即便你有一个朝九晚五的工作，你也可以在业余时间利用自己的优势做一些喜欢的事情，来获得额外收入。而自由职业者当然就有更多的选择。

但这种工作和生活的新模式真的适合每个人吗？如果不理解“多重职业”到底是怎么回事儿，为了斜杠而斜杠，会不会斜杠不成反被裁？别忘了，“Slash”在英文里还有大幅度削减的意思。所以知道斜杠青年到底适不适合你，需要从理解到底什么是“多重职业”开始。

多重职业 ≠ 多重工作

所谓多重职业是，找到了多种能为自己带来经济来源的职业，而且这其中至少应该有一个职业是自己深爱的。白天在麦当劳打工，晚上在肯德基加班，那叫多重工作，不叫多重职业。

多重职业 ≠ 多重兴趣

我也有很多兴趣——码字、演讲、旅游、健身、但并不是每个兴趣我都擅长，即使是擅长也不一定都能变成职业。因为职业要有一定的产出，而且还有人愿意为你的产出买单。

从多重兴趣跨越到多重职业中间有一个巨大的鸿沟，想要跨越靠的不是更有兴趣或者有更多的兴趣，而是有更强的实力，否则还是自娱自乐。

多重职业 ≠ 同时开始

多才多艺的达·芬奇可以算是历史上最早的斜杠青年。他不仅是画家，也是发明家/音乐家/医学家/生物学家/建筑学家等等。可即使是他，也不是同时开始所有这些职业的。所以多重职业可以有，但不是所有的职业都要同时开始，更不能东一榔头西一杠子，还指望能遍地开花。

在我看来斜杠青年仅仅是寻找"我是谁"这个人生终极问题上的路径，而不是答案本身。单纯地追求多重职业并不会让你的生活更多元，只会更杂乱无头绪。而如果你现在清清楚楚知道自己的愿景，只是不知道采取哪条路径，那就不如花更多的时间和精力琢磨如何提高自己的核心竞争力。

我想用超级畅销书《从优秀到卓越》书里的刺猬理论来说明这个道理。虽然书里是用来解释公司应该怎么找到自己的核心竞争力，但套用在个人职业发展上也同样适用。

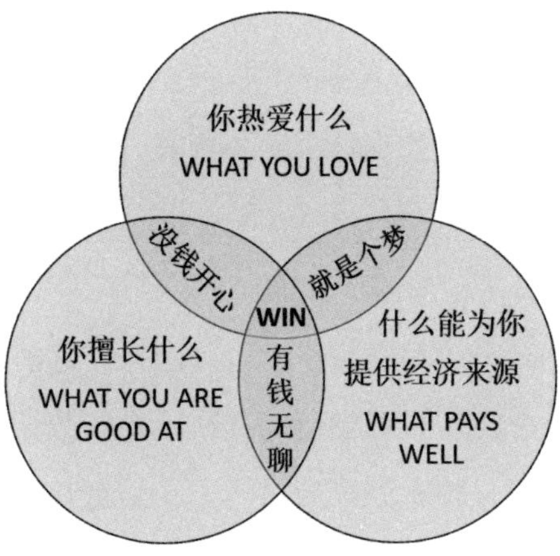

这个图人们一看就明白，不需要多解释。大多数人总是在"热爱什么""擅长什么"和"什么赚钱"这三个方面纠结。中间的"WIN"就是最最完美的职业了。你做的工作就是你深爱的也是你擅长的而且还赚钱！

可是醒醒，现实生活不总是这样的。

好像我以前有一个金领工作，我也很擅长我的工作，但我总觉得那不是我热爱的，所以很长时间我都处在“有钱无聊”的状态。

幸好我有很多兴趣，但可惜我不是达·芬奇，不是每个兴趣我都擅长，即使是擅长也不一定能赚钱。比如我喜欢写作，可我并不擅长，所以如果我仅仅靠写作为生的话，那我现在一定处于“没钱开心”的状态。多亏我还挺擅长讲课的，所以至今还没有饿死。

所以如果你有钱无聊，那你也许需要看看自己到底对什么感兴趣？做什么能用到你之前积累的技能？

如果你没钱开心，你需要想方法把自己擅长和热爱的事情商品化让别人为你做的事儿买单。比如在 Toastmasters 国际演讲俱乐部，有很多对演讲感兴趣也觉得自己讲得挺不错的人，想要把“演讲”从兴趣变成职业。但是你要讲得好到别人肯为听你讲的东西付钱才叫真好，否则就还是讲得不够好，只能回去接着练。

至于像我这样执着于自己热爱但不擅长的写作，我拒绝相信那就是个梦。我可以慢慢练习啊。但我相信如果能把自己擅长的做得更精，自然就会有更多的赚钱渠道。可如果什么都不擅长，什么也都不热爱，怎么办呢？那就需要深度挖掘一下了。

有很多性格测评工具，比如 MBTI，可以帮助你更深入了解自己的兴趣和特长。我自认为是一个自我觉察比较高的人，之前对于各种各样测试工具不怎么感冒，我总觉得我对自己的判断比那些数据更可靠。很多年前就做过 MBTI 测评，可是根本就没放在心上，最近我又做了一次，才发现上面明明白白写着我对创造性的工作会很有兴趣。可对这一点，在过去的 20 多年职场生涯中，我从来都没有意识到，如果我早对此有所察觉，就会更刻意地去探索有创造性的工作。

当然了，也许几年前做同样的测评会得到不同的结果，但是如果 10 年前我就知道创造力对于我来讲是这么重要，如果 10 年前我就开始尝试写作，现在肯定不会是这个水平了。

所以我们需要更多地倾听自己，不加评判地倾听自己。生活到处都在给你线索，关键是你想不想听。如果你刚发现自己喜欢音乐艺术就对自己说，那有什么用？能靠艺术吃饭吗？那你怎么可能有进一步的探索？

总结

想要让自己拥有更多 WIN 的空间，就要尽量扩大这三个象限，要么你就像达・芬奇一样多才多艺，遍地开花，要么把自己擅长的变得更擅长，擅长到有人愿意为此买单，要么想办法把你擅长和热爱的东西商品化。

斜杠青年可以是个很不错的探索路径，但不一定是目标。每一份工作，不管你喜欢不喜欢，每一份职业，不管你擅长不擅长，都可以把它看成是一次自我发现之旅。

三、风来了，年轻的“猪”该怎么办

希望你的选择基于你的梦想而不是你的恐惧。——曼德拉（南非前总统）

May your choices reflect your hopes not your fears. – Nielson Mandela

“大众创业、万众创新”被称为中国经济的“新引擎”难怪美国《外交政策》杂志一份报道称“一种创业狂热已抓牢中国。金钱的味道在空中弥漫，白手起家的励志故事无处不在”。的确，好像一夜之间我身边的人几乎各个都像是马云附体，一个接一个地投身创业以至于朋友见面、同学聚会都不好意思说自己还在打工。

很多年轻人经常问我："到底是选择传统行业还是互联网啊？"

这让我想起 16 年前我在美国正好赶上互联网大潮，那时候我 MBA 毕业后在一家全球 500 强公司刚刚完成为期两年的管理培训生的轮岗，从墨西哥的工厂调回芝加哥工作。互联网的大潮烧得我心焦气躁，我想我一个名校 MBA 怎么能还在传统行业工作呢？而且还是听起来就土里土气的制造供应链，让人一下子就联想到穿着一身工作服满手黑油泥的工人。我要投身互联网，干什么都行，只要沾互联网这三个字就行。

简历发出去以后，很快我就收到了好几个公司的聘约。其中有一家电商叫 Ethnic Grocer.Com，说白了就是网上卖各种民族食品。在美国住过的人都知道，美国地广人稀，买些日常的食品门口超市就可以解决，但要买个什么榨菜、木耳、老干妈辣酱、速冻饺子之类的中国食品，则要叮叮光光开上几十里路找到一家中国超市才能买到。想必印度人民想要买个咖喱，韩国人民想要买个泡菜也是一样的艰辛。因此通过线上电商满足这一垂直需求的确是个有效的解决办法。我着着实实为中国、印度、韩国等等拒绝吃汉堡的各民族人民激动了一把，终于可以不出家门就可以在自家厨房做私房菜了。

但要知道那时候亚马逊还仅仅停留在卖书，电子商务刚刚起步，现在回过头来看这网上卖老干妈的事儿也的确有点儿太超前了。但我那时候完全被互联网大潮冲昏了头脑，什么都听不进去了。我只记得从那家公司在西北大学附近的办公室出来的时候，我手里拿着 Offer，脑子里想着 IPO，算着自己能拿多少期权。芝加哥号称"风城"，密西根湖上吹来的风迎面扑来，让我感到我这只年轻的"猪"马上就要飞起来了！

幸亏那个时候有另外一家公司也同时给了我聘约，是去做 Oracle ERP 系统实施。虽然听起来没卖老干妈的电商那么性感，但怎么说也是 500 强公司。况且 Oracle 听起来就透着股硅谷的劲儿，尽管那时候我连 Oracle 这个词怎么拼都不知道，也没见过 ERP，但人家大概是看上了我供应链的背景，工资一加再加，最后比老干妈电商还多了 5000 美金。

抉择的时候到了，是赌一把 IPO，还是现金为王多拿 5000？就在我犹豫不决的时候，我想起了出国前在秀水街的美国使馆签证官问我“你毕业以后干什么？”我那时候拍着胸脯信誓旦旦地回答“我要回到我伟大的祖国！”虽说这是废话，我敢说不回来吗？一个移民倾向的拒签章还不立马盖过来？但我说的还真不是违心的话，从去美国第一天我就盘算着什么时候可以回来。我一海淀区长大的姑娘，北京是我的主场，我干吗非死乞白咧地在人家客场打拼呢，更何况我老爸老妈还在北京。父母在，不远行啊。所以我想了想哪家公司更有可能把我派回中国呢？除非我回国为老干妈进货，否则应该还是那家在中国投资数亿的摩托罗拉公司更有可能送我回中国。

风来了，连猪都飞起来了。还好 2000 年的我是一只年轻的“猪”但还不是一只“笨”猪，关键时刻还能想起来自己是头“猪”并且不忘初心、踏踏实实地选择了摩托罗拉，4 年后我如愿以偿地被公司派回了我朝思梦想的北京。那时候北京的天还是蓝的，“海归”也还是个褒义词。

十六年来，我一直庆幸自己当初的选择，因为作为一只年轻的“猪”，什么都不懂就兜里揣着个 MBA 能够在摩托罗拉这样的大企业踏踏实实地学习技术、学习做事、学习做人，应该是那时的我最好的选择。

现在的年轻人有着更多的选择，外企早就不再是第一选择，国企、私企、政府机关、非盈利组织，处处是选择。也有越来越多的大学生毕业时选择创业，但是这中间有多少是自主创业又有多少是因为就业困难或是被风吹起来的就不得而知了。

总之，风来了，连不会走的“小猪崽子”都惦记着飞，但是要知道：

如果连课本都搞不明白，你也写不出计划书。

如果连老板都搞不定，就别高谈阔论什么深度挖掘客户需求了。

如果连同事都无法共处，你也找不到合伙人和投资者。

不会走的“猪”，没法学会跑，更不能靠自己的力量飞起来。

那怎么才知道自己准备好了呢？那就要看你的翅膀有多硬（你所掌握的技能）、你这只“猪”有多沉（你的生活负担）、你想要飞多远（个人愿景）。

第十章　写给纠结的你——工作生活平衡

一、别再跟我提工作和生活的平衡

二、感谢纠结帮我找到了平衡

一、别再跟我提工作和生活的平衡

根本没有什么工作和生活的平衡。任何值得你去争取的事儿都会让你的生活不平衡。——阿兰 · 德波顿（瑞士作家、演讲家）

There is no such thing as work–life balance. Everything worth fighting for unbalances your life. – Alain de Botton

母亲节那天，三年级老师邀请所有妈妈来班上庆祝。随着孩子们一个个轮流上台为妈妈念自己写的文章，在座的妈妈们都无一幸免地留下了幸福的鼻涕和眼泪。轮到我儿子了……

"妈妈，谢谢你把我带到这个世界上，我觉得你是个很好的人，你一旦有时间就会送我上学和陪我写作业。妈妈，你还记得吗？小的时候我特喜欢洗完澡之后被妈妈抱了……

妈妈，谢谢你为我做的所有事情！我爱你！"

多么真挚的母子情啊，多么温馨的画面啊！只有一个问题，在下面听的不是我，是儿子他爸。正当儿子失望地撅着嘴为爸爸念他写的"妈妈很爱我”的时候，那个爱他的妈妈正在华盛顿出差，只留得台下的爸爸尴尬地陪着笑。其他的妈妈擦完鼻涕眼泪，怜悯地看着在座的唯一一个爸爸。

微信里有一篇《所谓成功就是有时间照顾自己的孩子》的文章惹恼了身边好几位职场妈妈。作者在文章的开头以揶揄的口吻谈到那些没时间陪孩子的所谓成功人士时问“请问我能抽你两耳光吗？”那像我这样在母亲节活动缺席派爸爸来学校的，是不是该赏自己四个大耳光呢？

这让我想起前美国国务院政策计划主任安·玛丽·斯洛特（Anne Marie Slaughter）2012年在《亚特兰大月刊》上发表的长文《为什么女性还是不能拥有一切》[①]。曾经效力于希拉里·克林顿的斯洛特是美国国务院史上第一位女性政策计划主任，在别人眼中她被看成是有三头六臂的女强人，是令人艳羡的事业和家庭双丰收的典范。但斯洛特在文章中坦然讲述自己从国务院辞职的心路历程，以及在当今的社会模式下，她为何越来越相信女性根本不可能找到事业和家庭间真正的平衡。

此文一出，立即在美国甚至全球范围掀起轩然大波，而后Facebook的首席运营官雪莉·桑德伯格sheryl Samd berg又站出来以畅销书《向前一步》（Lean In）唱了个大反调，并为职场女性再次吹起了前进的号角。于是乎所谓工作和生活的平衡继续成为各种女性领导力论坛的口水话题。我自己也经常被别人问到，但不管是谁回答，怎么回答，其实每个听的人都不过是听自己想听到的答案来支持自己的选择而已。所以该问的应该是，为什么同样面对工作和生活平衡问题，男性却鲜有为这个问题操心的？我们凭什么就觉得我们就该能够做到平衡？

作为一直假装树立事业和家庭双丰收的典范，在伪装了这么多年之后的今天，我终于可以坦诚地告诉大家，别再跟我谈工作和生活平衡，这是个伪命题。

---

① “Why women still can’t have it all” by Anne-Marie Slaughter in The Atlantic July/Aug. Issue

儿子是个慢性子，他磨磨蹭蹭费了老半天才来到这个世界上。孩子如此来之不易，美国的医生都建议我不要再频繁出差了，我却执意在肚子里揣着他飞到好几个国家做项目。直到怀孕六个月的时候，我从雅加达机场登机，人家非要我出示医生证明才让我上飞机，我只好耍赖说那我不走了，就把孩子生你们国家得了。人家这才像送瘟神一般把我送上飞机。

儿子出生以后，尽管我很享受和儿子叽叽啊啊的亲子交流，但我似乎更渴望和成人的思想碰撞。产假休了两个月我就实在受不了天天当奶牛的生活，跑回去上班了，一上班就又面临出差的问题。为了能保证继续母乳喂养，我只好在每次走之前提前准备好储备粮扛看到冰箱的冷藏室摆满了一包包的母乳，我才一手拎着电脑包，一肩抗着美德乐电动吸奶器出发（还好那吸奶器的包长得跟双肩背电脑包无两样）。白天开会，晚上回酒店把奶吸出来直接倒进洗手池。看到白花花的奶流进下水道，我想到上中学的时候学到的资本主义是如何罪恶，资本家宁肯把奶倒掉也不给穷苦人民。我想我比资本家还罪恶，儿子才几个月就要学会吃速冻食品。

随后的几年现在回想起来都是模糊的记忆，我过着顾头不顾脚的空中飞人生活，儿子长出第一颗牙我没看见，迈出的第一步我错过了，好不容易出差回到家，发现儿子跟阿姨比跟我还亲。我气得咬牙切齿干瞪眼，没办法，怪谁呢？还不是得怪自己？ 很多次我下班回来，儿子已经睡了，我会悄悄地爬到他的床上，轻轻地亲亲他的小脸蛋，然后再深深地闻闻他身上的奶香。我感恩上帝给了我这么好的一个礼物，同时又总是质疑自己是不是没有好好珍惜这份礼物。自责的感觉像个苍蝇一样时常伴随着我，挥之不去。

作为公司女性社团组织“丽人商会”的主席，有一次我请来全球政府事务部高级副总裁海伦 · 昙迪（Karen Tandy）来跟女性员工分享她的职场生涯。这位曾被小布什总统任命的美国司法部缉毒局的首位女性局长，算是游刃于政界商界的成功女性，也是我见过的气场最强大的女性。带着她这样的老板出去无论是见客户，还是见政府、见媒体，就一个词形容“有范儿”。

既然是女性论坛，当然不能免俗地有人问她是如何平衡工作和生活的。她莞尔一笑，没有正面回答，只是说每个职场女性上班来都背着个“guilt bag”（有罪包），为上班的时候想着家里的孩子感到自责。更糟糕的是，下班了这包还不卸下来，回家看着孩子又为想着单位的工作再次感到自责，真是里外都觉得自己做得不够好。她自己也为此纠结很久，直到有一次她问她的两个孩子，她是不是应该辞职回家做全职妈妈。她的两个孩子却回答说：

“Mommy, do whatever make you happy！ If you’re not happy, our lives will be miserable！”（“妈妈，你高兴做什么就做什么，如果你不高兴，我们也不会有什么好日子过！”）

孩子们总是那么能一针见血地直击问题的关键：是啊，我们要做让自己开心的事儿，无论是顾头顾不了脚的职场妈妈还是安心相夫教子的全职妈妈，只要这是你想要的生活，你都可以坦坦荡荡的，不必自己给自己背上“有罪包”。选择适合你的生活方式没有对错可言，因为对于孩子来讲，一个不开心的全职妈妈比一个不着家但开心的职场妈妈更可怕。

她接下来又给我们讲了一个她和女儿的故事：

女儿高中毕业舞会（Senior Prom）的头天晚上，她答应带女儿出去做指甲，要知道毕业舞会可是美国高中生社交生活的头等大事，其意义不亚于初恋。可那天晚上偏偏又赶上她加班，等回到家女儿早已经在失望中睡去。她翻出指甲油，静静地坐在女儿床边，把她的手从被窝里拿出来，涂好一个一个的指甲，并等着晾干了再放回被窝。第二天早上，女儿醒来以后看到漂亮的指甲开心地跑来抱她。

她用自己的方式表达对女儿的爱，你能说这样没有时间照顾自己孩子的妈妈不成功吗？你会想要抽她两耳光吗？

我一直以为我出差的时候带着两个包——电脑包和吸奶器包，闹了半天我还扛着第三个包——有罪包。前两个包是自己选择背上的，这第三个包是老大不情愿地背上的，却还比前两个都沉重。难怪在人类所有的负面情绪里，杀伤力最大的不是愤怒、不是焦虑，而是内疚感和罪恶感。自责让我们质疑自己，没法接受我们没有传说中三头六臂的事实，我们总想试图平衡却一次次地从平衡木上掉下来。

那天从会议室出来，我暗下决心，我只求在工作和生活之间寻求最大公约数，不求平衡，这有罪包我怎么背上去的就要怎么拿下来。

别再跟我谈工作和生活的平衡，这本身就是个伪命题。听从自己的内心，相信自己的选择，尊重别人的选择。那些踩着高跟鞋每天中午在 CBD 挂着工牌、拿着手机钱包觅食的白领们，大可不必羡慕嫉妒讥讽推着婴儿车走过的全职妈妈，也不必试图做到八面玲珑平衡这平衡那。你就只负责做好自己就行。你若盛开，老公自来；你若精彩，孩子自有安排。

所谓什么职场女性或是全职妈妈，亦或是我这种哪儿都想插一杠子的梦想家，不过都是我们人生舞台上扮演的一个角色而已即既使演砸了又怎样?

二、感谢纠结帮我找到了平衡

平衡不应该当形容词用，而应该当动词使。——金·蕾丝诺（加拿大埃里克森教练）

It's not about balance, it's about balancing. – Kim Leischner

我和妈妈在北大医院手术室外面焦虑地等待着，身边的脚步声透着人们的忐忑不安，消毒水的味道让我觉得恶心，还有点儿丧气。门开了，我俩一个箭步冲上去，眼见医生被几个助理簇拥着走过来，手里托着一个白色的陶瓷盘。他走到我面前停下来，把托盘往我眼前一推，口罩往下一拉，满意地，甚至有点儿得意地说：“你爸的手术很成功，看，这就是切下来的前列腺。”

我不记得自己说了些什么感激的话，只记得回到座位上好一会儿都不知道要说什么，终于我回过头问我妈：“你看见那玩意儿长什么样了吗？”

人到中年，就是这样。家里有嗷嗷的孩子，医院还有哼哼的老人，既要对付小儿扁桃腺，又要操心老人前列腺。

尽管那一次托白陶瓷盘的医生治好了老爸的前列腺癌，却让我开始认真思考，我们和老人真正能在一起有质量的时间还有多少？是不是一定要等到失去才懂得拥有的珍贵？我天天在外面把飞机当出租车打，却难得能陪父母出去玩玩儿，值得吗？

2011 年的时候，我带了一个遍及美国欧洲亚洲的全球团队，过着颠三倒四的生活。那年才七月份，我就已经达到了美联航 10 万英里（Premier 1K）的资格，相当于围着地球转了四圈。有一天在飞机的洗手间里看到自己满脸的倦容，我问镜子里的那个人，这还是我想要的生活吗？为什么曾经让我觉得充满挑战的工作已经不觉得好玩了，如果不好玩了是不是还一定要硬撑下去？在这条快速行进的职场快车上，我有没有勇气踩一脚刹车，慢下来，甚至跳下来寻找自己想要的？

身边的人尤其是像我这样上有老下有小的职场妈妈，似乎各个都得了“平衡综合症”和其并发症“长期纠结症”。有一次在上埃里克森教练的艺术与科学课程时，面对一堆喊着不能平衡自己工作和生活的同学们，一向平和中立的加拿大老师突然显得有些激动：

“平衡？什么叫平衡？人只有死的时候才真正的平衡呢！”

我猜老师说的既是身死也是心死。如果确实心若已死，什么都不惦记了，还平衡什么，还纠结什么呢？ 她接下来的话，让我顿时明白我们的症结何在。“平衡不应该当形容词用，而应该当动词使。”（It's not about balance, it's about balancing.）

我们总是想要追求所谓的平衡，但周围的一切，工作、孩子、老人，没有一个是一成不变的。你以为自己小心翼翼地走在平衡木上，生活却像是个欠招的小孩东捅你一下，西碰你一下，让你来回摇摆。而我们不得不用尽所有的核心力量试图让自己不从平衡木上掉下来。

老师接着说“在任何时候你都应该重新审视你的人生愿景和优先级。”

而当我重新审视自己时，我不得不承认，和初入职场之时相比，我的优先级已经改变了。此时对我来讲，陪伴家人和追寻梦想似乎更重要。我也才发现纠结并不是一件坏事儿，就像生病是给我们的身体发送一个信号告诉你需要注意身体，休息休息了。纠结告诉我们，你也许需要重新平衡了。

一年前的母亲节，我终于告别了朝九晚五的职场。我的诉求很简单，趁儿子还搭理我，趁父母还走得动的时候，多陪陪他们，同时做点儿自己喜欢的事儿。离开的勇气很坚定，脚步却迈得很沉重。像个青春期的孩子，我外表一副满不在乎的样子，心里却慌慌的。而我义愤填膺地写下那篇 10 万加的文章——《别再跟我提工作和生活的平衡》，多少是为了给自己找点儿底气。

很多读者问我“不提工作和生活的平衡，那提什么呢？”其实事业和家庭，也许永远无法平衡，但这不重要。重要的是，你是否拥有平衡所需的核心力量和指引你朝哪边平衡的那盏明灯。埃里克森教练体系里面谈到决定我们是否能够实现我们的目标有两个重要的方面：注意力（Attention）和意愿（Intention）[①]。

注意力（Attention）+ 意愿（Intention）= 精通（Mastery）

---

①《唤醒沉睡的天才——教练的内在动力》，玛丽莲·阿特金森（Marilyn Atkinson）、蕾·切尔斯(Rae Chois) 著。

注意力是你聚焦的能力，而意愿则是你想要的状态。当你的意愿足够强烈，它就成为照亮你人生方向的那盏明灯，否则它不过就是忽亮忽灭的蜡烛之光，不足以照清前面的路。而如果你仅仅有意愿，但没有把注意力放在你真正想要的东西上，就会陷入现实生活中的琐事，被眼前的各种诱惑干扰。

注意力和意愿就像是我们的双手，完美的配合就能演奏出优美的人生乐章，精通于你想做的事，如果不配合就让我们处于一种拧巴的状态。你想要做的和你正在做的不在一个轨道上，怎能不产生纠结、困惑和焦虑这样的负面情绪？那怎么才能破这个局呢？埃里克森教练体系的创始人玛丽莲·阿特金森博士指出：当你锁定目标的时候，要从这两个维度同时发力才能进一步采取行动创造成果。

如果你想要的状态是平衡，那一方面要提高自己的注意力，这其中就包括我们的觉察力。当你能够更关注和觉察自己当下的状态，包括身体和情感发出的种种信号，你就会带着一种觉知活着。带我入门灵修的身心灵作家张德芬老师曾经跟我讲过一个很好的比喻。她说大多数人活着就像是飞行员开启自动飞行状态，而带着觉知活着则是时时刻刻观照自己，看到自己的飞行方向。想想如果你都看不到自己，还何谈调整自己的方向呢？

另一方面，我们要锻炼自己的意愿力。你的意愿就是你选择为自己和他人创造的东西，而意愿力就是让你从当下状态转化到你想要状态的那份坚定力量。没有清晰的意愿和强大的意愿力，你就会被自己的头脑操纵，被旧有的习惯束缚，或者被他人的意见左右，最终和你的核心价值观渐行渐远。

所以意愿和注意力需要结合才能创造出身心合一的状态，实现当下时刻的平衡，否则已经偏离核心价值观很远了你还看不到。

回到我自己，感谢纠结让我知道我需要重新为自己的生活设置优先级。而当我最终离开公司，开启自己职业生涯下半场时，也有很多人赞叹我繁华之处转身的勇气。其实我瞻前顾后，左思右想了两年多。但想用的是头脑，而头脑总是寻找各种借口和安慰。这就是为什么想太多了反而更难迈出那一步，就像玛丽莲·阿特金森博士说的："勇气不是想出来的，要靠意愿去创造。"你对自己想要的东西有多清晰？你究竟多想要你想要的生活？只有真正看清自己的意愿，才能有改变的勇气和平衡的力量。

总结

印度哲学家奥修曾经说过"一旦你所做的事都被平衡了，你就可以消失了"。平衡本身不是目的，幸福才是。生活中真正重要的是找到指引你朝哪个方向平衡的那盏明灯。你想要一个什么样的人生？当下什么对你是最重要的？为此你需要做出哪些平衡（此处为动词）？

说到底，生活可以很拧巴，但我们不一定要过得拧巴。

自我教练：

1. 如果你现在感到纠结，那么你想要的生活状态是什么？在那种状态下，你看到你在做什么？你的感觉又是如何？（这个问题要靠心回答，不要用脑子回答）

____

2. 为什么进入到那种状态对你来讲很重要？

____

3. 当前来讲，你需要做什么样的调整，才能帮你进入到那种状态？

____

练习：

注意力和意愿力就像是我们身上的肌肉，可以通过灵修来锻炼提高。灵修也并不是神秘的东西，你可以把它看成主动去探索自我和世界所做的一切努力，最终的目的就是看清自己，并让自己逐渐从理智走向心灵。其实我们小时候心很大，脑子很小，但随着年龄的增加，我们的脑子越来越强大，也因此越来越处于统治地位，心就随着变小了。我们越来越听脑子的话，也越来越忽略心音。

带着觉察看自己就是正念（Mindfulness），用个通俗的说法就是学会用第三只眼睛观察自己。从旁观者的角度问自己“我刚才为什么说那句话？”“我为什么要那样做？”

这个过程中最重要的是看到但不评判，比如当我感受自己身体很紧绷，胸口很闷的时候，我就会问自己是什么让我不舒服。哦，原来是刚才看到人家写个破广告都 10 万加，顿时心生嫉妒。嗯，是嫉妒让我不舒服。此时第三只眼看到自己的嫉妒就可以到此为止了，不需要评判。因为一旦开始自我评判，就会有另外一个声音跳出来为自己辩护。

除非你是圣人，否则我们永远无法排除内心深处的那片由小我操纵的黑暗。而你的自我觉察就像是手电筒照进黑暗的那一道亮光，你的种种念头就是漂浮在那一道光中的浮尘。不管有没有那道亮光，那些浮尘都存在，但有了自我觉察的那道光，黑暗就会被光明取代。经常练习在生活中随时随地用第三只眼睛看自己，你的第三眼会变得越来越活跃，并将带你走向更深层次的灵性。

有很多方法，比如瑜伽和冥想都可以帮助我们提高自己进入当下的能力。我自己刚开始做冥想练习的时候根本无法进入状态。身体躺在瑜伽垫上，但是脑子却奔腾不止，不是想着一会儿开会要说什么就是想着晚上回家要吃什么，总之一刻也停不下来。我很苦恼地问张德芬老师该怎么办，她告诉我其实上一个念头和下一个念头中间的那个微小的缝隙就是通往自己灵性的通道。练习得越多越久，那个缝隙就会越来越宽。经过近十年的练习，我想现在我那个缝隙应该有头发丝那么宽了。

为什么活在当下对于平衡来讲很重要呢？因为如果我们把时间无限切割，那么在每一个当下的时刻我们都是平衡的。所以你越能进入当下，你就越能感受到平衡和喜乐，而不纠结于大脑创造出来的各种烦恼。

第十一章　写给成功的你——成功路上的 How,Why,Who

一、别人家孩子的梦想：采访世界第一位完成“7+2”的华人女性

二、当你一心想赢的时候就已经输了

三、为什么成功人士多是拖延症患者

四、从成就这美妙陷阱爬出来——成长路上的 How, Why，Who

一、别人家孩子的梦想：采访世界第一位完成“7+2”的华人女性

当人们自己做不了什么事儿的时候，他们会告诉你也不行。你想要什么就去要好了。就这么简单！——电影《当幸福来敲门》

When people can't do something themselves, they're going to tell you that you can't do it. You want something, go get it. Period – Will Smith

上学的时候，每个班上都有这样一些招人烦的学霸，念书对于他们来讲就像玩儿一样，他们是老师的宠儿，是家长嘴里的那个“别人家的孩子”。

我的初中同学王雷就是这么一个“别人家的孩子”。我们住在同一个大院，父母都是同事，可我俩除了个头都特别矮以外实在没有什么共同之处。我上课爱说话，屁股一分钟也坐不住，她则是标准的好学生，集老师家长厚爱于一身。跟这样一个“别人家的孩子”，不管是出于羡慕嫉妒恨还是出于性格不合，都真心算不上好朋友。

初中毕业以后，她去了四中，我们两个再也没有过交集。后来听说她上了清华，去了美国，进了投行，浅尝创业，又上了沃顿商学院，反正走

的是典型的精英之路，成功得毫无悬念，精英得毫无新意。

这么精英化的人自然跟我没有什么接触，直到有一年春节初中同学招呼我聚会，才听说王雷成名人了，她是全世界第一个完成七大洲最高峰和南北极点的华人女性，也是全球第10位完成这一伟大极限挑战之人。这次聚会她会带着她的书，一人送一本。我一向不热衷同学聚会这种事儿，更别提集体膜拜这种招人烦的“别人家的孩子”了。“精英就是精英，已经找不到再精英的事儿做了，只能靠这种极限运动的光环来为自己加分了。”我恶毒地想着。

要知道那个时候我还在纠结是继续在大公司里耗着呢，还是放下我那不大不小的光环去寻找梦想呢。心里正烦着呢，更何况上班天天抱臭脚，下班我可懒得再去抱精英的大腿了。于是我找了个借口没去聚会，但不知怎么着心里又总放不下这事儿。

要说人家登山就是为了光环吧，这代价也太大了点吧？再说了，就她？1.56米的小个儿，上学的时候连800米都跑不过我，怎么可能登上珠峰呢？况且，我想辞个职都快被我爸妈骂死了，她父母也都是循规蹈矩的知识分子，怎么能够接受她做这么不着调的事儿呢？带着这一堆问号我上网买了她的书《我行》，感觉我也够行的，放着白给的签名书不要，非偷偷自己买一本看。

作为一个工科女，她的文笔中规中矩，没有太多的花花肠子，但是很真实地记载了她从2003年和同事们一起去非洲旅行、如何“意外”地登上了乞力马扎罗山、后来又如何被纪录片《乔戈里峰上的女登山家》打动从而踏上了登山之路，直到最后辞职备战珠峰，最终于2010年成功登顶。

如果我不认识她，她的故事就会像另一个励志故事一样看过忘过了，她“7+2”跟我有什么关系？但她不一样，她是我从小“别人家的孩子”，看到她写的这段儿：

“为什么我会选择学计算机？进商学院？做现在的工作？虽然走过的

每一步都是我自己做的决定，但好像只是在若干选项中选择一个最优。从小到大都是好学生，我就自然地在‘八字’面前的有限选项中，选择最好的学校、最好的专业、最好的工作。这些选项定义了我的人生道路，我不过是在既定的几条路中选了一条而已。”

突然间，这位20年没见过面的老同学不再是“别人家的孩子”，而是跟我一样有困惑的孩子。我们的青春叛逆期像是迟到了20年，毫无准备地出现在面前，让我们开始质疑人生是不是就是这ABC选项的几种？而面对未来的召唤，曾经青春痘的脸上已经悄悄地爬上了皱纹，但是一颗躁动的心又让我们是如此无法抗拒梦想的召唤，想要挣脱父母老师给我们定义的“最佳人生之路”却又战战兢兢地迈不开步。

突然间，我和这位20年来未曾有过交集的精英同学有了种惺惺相惜的感觉，我懂她的感觉。在那之后不久，我终于迈开了我的第一步，虽然不像王雷有个“7+2”这么明确的目标，但我相信每个人心目中都有一个珠峰，早晚也会登顶的。

那年夏天，我和老公带着儿子开房车去阿拉斯加玩了一圈。在丹那利国家公园（Denali National Park）爬山的时候，远远望着白茫茫的麦金利山（Mt.McKinley），感叹着这个北美洲第一高峰（海拔6193米），它看上去如此之雄伟壮观，但是每年又都有试图征服它的登山爱好者死在山上。

登上去的成了勇士，死了的成了烈士。追寻梦想成功的我们叫“成功人士”，不成功的呢？叫“瞎折腾”，叫“作死”。看到那座山没法不想到王雷，我一定要亲自问问她当初是怎么想的，难道就不怕自己No Zuo No Die？于是回到西雅图以后我跟在波士顿的她约了一个电话访谈。

我们20多年没说过话，聊起天来居然比以前更投机。尤其是聊到她父母对她辞职借钱去登珠峰的无比不解和失望的时候，她说：“我妈那时候就跟我说：你怎么就不能像人家高琳似的，该结婚结婚，该生孩子生孩子，还给她父母买了房？”

天哪，又是那个“别人家的孩子”！只是这一次平庸的我靠着平庸赢得了“别人家的孩子”的殊荣！此时的我丝毫没有任何找平了的兴奋，只是觉得这一切是如此滑稽可笑。当我们津津乐道“别人家的孩子”的时候，丝毫不知道那个“别人家的孩子”正在试图挣脱别人给他 / 她的定义。

别再试图临摹别人的成功了，因为你根本不知道人家想要画出什么样的人生。

下面就是一个“别人家的孩子”采访另一个“别人家的孩子”的摘录。我把它分成上下集：上集算是“梦想”篇，下集是“行动”篇，毕竟光有梦想没有行动和策略，也都是白搭。

上集：别人家孩子的梦想

高琳：上学的时候如果有人说咱们班上将来有一个人会完成“7+2”，我一定不会猜到是你。一来这根本就不像是一个好学生干的事儿，二来你连 800 米都跑不下来，还登山呢！为什么你想要登山？

王雷：说实在的，如果你问那个时候的我，我也从来没想过要登山。那个时候我的理想是做个科学家、医生什么的。直到 2004 年做出完成“7+2”的决定之前，我从来没觉得任何运动包括登山跟和我有什么关系。

2003 年，登乞力马扎罗山对于我来说是一个觉醒，我懂得了什么叫亚健康。我看上去小脸红扑扑的挺健康的，可上山的第一天就给了我一个下马威，我的大白胖子美国同事把我远远地甩在后面。

我当时就觉得没戏了，可以撤了，但没有撤的可能，只好跟在后面拖拖拉拉地走，一直拖到最后一天去登顶。为了照顾我，队里特意给我单独找了一个向导陪我，因为都想着我反正也上不去，我也不认为自己能上去。我就像一个小赖皮一样赖在我的向导身后，一会儿困了，一会儿累了，一会儿冷了，一会儿饿了，反正就是有无数借口不往前走。

我的向导英语有限，他跟我对话不多，困了就让我站着趴他肩上睡会儿，饿了就给我翻包拿吃的，冷了他就搓搓我的手，反正我怎么耍赖都没用，吃完歇完就问我“Are you ready？ Let's go”（你准备好了吗？那就走吧）。然后我就乖乖地接着走了，心想着如果有人能把我拉回去我就回去了，我当时根本就没有想到就这么拖拖拉拉的最后就登顶了！

登顶虽然是个意外，但我知道了什么叫亚健康，它让我就意识到，如果30出头身体就这么虚弱，那40、50以后怎么办呐？ 于是回来以后我就开始锻炼身体，开始跑步、上瑜伽课之类的。

高琳：我也跑步、健身、上瑜伽的，但我怎么没想过去登珠峰呢？

王雷：2004年初，看了那部纪录片，我才知道，天哪，这个世界还有人能够在这种极限的环境下生存？人居然还可以这样活着？而我连健康的体魄都没有，我在干什么呢？我就觉得我得找点儿什么事情干干，但我还是觉得登山的都是超人，离我很遥远。后来我做了很多研究才发现爬珠峰的很多都是像你我一样的普通人，不是什么极限运动员，但是他们就是一步步把这事儿做下来了。他们都很普通，那我也应该有这个可能性啊！于是就突发这个梦想我也要去爬珠峰。

不过当时我并没有真的以为我能够爬上珠峰。我只是想着设定一个很高的目标，朝着它努力，即使达不到，你的体质也提高了很多。至于山能爬得多高我倒没仔细想。后来一步步做了计划，开始训练，就一步步走下去了。我也没有想过会那么顺。就像爬乞力马扎罗山，每一次觉得没戏了，又走下来了。于是我就只好又顺理成章地按照我的计划走下一步，爬下一座山。下一步开始走着走着没戏了，然后又走下来了。

高琳：你把一件特别艰难的事情说得挺轻松的。可是我还是不明白，成千上万的人都看过那部纪录片了，为什么单单你把一瞬间的感动和想法变成了行动？ 我还是挺好奇这是怎么发生的？为什么会发生？为什么会发生在你的身上？

王雷：其实一开始就是偶然的白日梦而已。我想登珠峰，可我什么都不会那怎么办呢？那就从简单的山开始一步步地学吧。比如要登山就得学攀岩，攀岩是个技术活，不可能一下子学会，我就每周都去学。一开始是为了一个目标，是训练的一部分，但后来就一发而不可收拾，完全陷入了热恋。每天朝思梦想这一步怎么走，怎么提高啊？脑子里整天就琢磨这个，在这个过程中不知不觉就爱上了登山。

当时我也在反思我这样一个人怎么会爱上登山呢？这个想法从哪儿冒出来的啊？我这个人怎么能如此想起一出是一出呢？这么多变会不会最后一事无成？后来我想实际上“野”是我的本性，小时候我就很野，上学以后规规矩矩地做好学生，把自己的本性都忘了。结果当我跑到野外撒撒欢儿，一下子就把已经被磨灭、被埋葬的野性又找出来了。

所以我并没有变，我只是把原来的自己找回来了而已。我之所以如此轻松地爱上了登山并不是一件偶然的事儿，我和登山也许就是前世有缘。我不过是回归了我的本性。

高琳：所以看似偶然的事情其实并不偶然。

王雷：是的。一件事情只有当它跟你的本性相关，只有你真正喜欢，真正感兴趣才会投入。

之前我的人生之路都是别人给我的 ABC 选项，经由别人的暗示我才选择的。很奇怪的是，唯独登山这件事没有任何人让我去做，我自己碰到的，却一发不可收拾地爱上它了。我想那是因为它在我的本性里面，登山让我找到了“你是谁”的答案。

高琳：但是父母和老师给你的这些ABC选项，你也做得很棒啊！他们给出的选项不都是根据他们的经验和对人生的理解筛选出来的最佳路线吗？又有什么不好的吗？

王雷：是没有什么不好的，如果你愿意把你的人生限定于他们有限的认知范围里面的话。

就像一只井底之蛙，如果你一辈子都在井下生活，又温暖，又有昆虫吃，有水喝，避风遮雨，我过得挺舒服的。但很不幸，有一天我不小心从井里跳了出来，看到了外面的世界，我就再也回不去原来的世界了。

假如我从来没有见过井外的世界，也许我也会继续在我ABC的选项里过得很开心，根本就不需要出来。然而每个人都是多种多样的，并不是每一个人都适合在ABC的盒子里成长的，有些潜力是在盒子之外的，这些潜能并不是老师和家长能意识到的。

高琳：我很认可你的说法，但你不觉得你已经在ABC这条道上投入了很多吗？当你意识到了这并不是你想要的最佳选择，你怎么跟父母沟通的？

王雷：他们完全不能理解、不能接受，觉得这是极大的失败，很失望，很痛心。但我自己的路我得自己走，即使是错的。我尝试了，就算最后我还是要回到ABC选项，最起码我知道为什么那个答案是正确的。

更何况ABC之外的也有可能是正确的。我们的教育太标准化了，正确的、错误的，好的坏的都是有明确定义的。但实际上来美国以后我发现没有什么绝对的正确和错误，任何事情都是有它合理的存在性的。

高琳：登珠峰之前的生死状是你自己签的，你有告诉家人吗？如果你真的把命搭在珠峰上了，所有这一切你觉得值吗？你怎么对自己交代又怎么跟父母交代？

王雷：有句话说，人活着不是为了把自己完美地交回给上帝，而是跌跌撞撞地跑到终点。如果意外真的发生，最起码我这一辈子曾经淋漓尽致地活过，充分利用了我在世上的每一天，每一天都努力过，这就是我对自己的交代。

每个人的观点都不一样。有的人活了 80 岁，却不过是把一年简单重复了 80 次而已。而当我认识到外面世界的精彩，我抑制不住想要体验，每一天都活得很精彩，做了我最爱的事情，我并不后悔。

至于我父母，他们会生气、痛心。他们觉得之前能说你看我女儿在高大上的写字楼里有一份体面的工作，现在怎么跟人家说你？你怎么就不能像人家高琳似的，该结婚结婚，该生孩子生孩子，还给她父母买了房子？你看看你在干什么？哎，自从爬山以后，你们都成了我的榜样。

不过现在他们慢慢地理解了，最重要的是我是否快乐。他们也终于接受了这就是我要的生活。只有这样我才会快乐。

采访感悟：

其实井底的青蛙也可以挺快乐，把 80 年当作一年重复 80 次的活也没有什么不好。

不快乐的人都是那些既不能忍受现在的生活，又无法面对想要的生活的人。毕竟，现在是已知的，未来是未知的。

而有的人，像王雷，当她不能再忍受现在的生活（即使在别人看来是如此的精英)，她能够选择做点儿什么。就这么一点决定了快乐还是不快乐。

最后，要送给为人父母一点建议，也算是自勉：王雷在乞力马扎罗山的那个向导应该是我们做父母的榜样。当孩子遇到困难的时候，我们应该管住自己的嘴，该提供什么帮助就提供什么帮助，别说那么多说教的废话。相信孩子的内在潜能，他们会给你也给自己一个惊喜！

下集：别人家孩子的努力

有人说我四十好几的人了，还文青似的三天两头说梦想。好，今天咱不谈梦想了，咱看看别人家孩子——王雷是怎么通过她超出常人的努力最终跨过世上最长的距离——梦想到成功之间的距离。

采访王雷比我想象的要难，因为像登珠峰这种事，我想她一定设立了清晰的登顶目标，不达目的誓不罢休。我以为她会有一堆血泪史。我感觉自己不是倪萍也得是朱军，她得一把鼻涕一把泪地跟我讲她是如何战胜险恶的天气和病痛的折磨，中间如何数次想要放弃，然后最终如何战胜了自己成功登顶的。可是整个采访过程中我听到她说的最多的话就是：

“我一开始没想我能完成“7+2。”

“我没想过我就一定能登顶。”

“我就想知道自己到底能走多远。”

“我没有理由放弃啊？”

“走一步算一步，结果没想到那么顺，就一步一步走下来了。”

她这么一个完全没有登山基础的邻家女孩，把登珠峰说得跟爬香山一样轻松，反而让我无法接招儿了。听别人的故事如果感动永远不是因为别人的故事而感动，而是因为别人的故事刺到自己的某个痛点。

我想为自己那永远也写不完的博士论文感动一下。在过去的五年里，我的日子过得真的好惨，又要上班，又要带孩子，明明是个工科女还要用英文写十万字的社会科学论文。我没有一个节假日过得轻松，甚至有一个春节除夕的晚上炮竹声声我还在和英国的教授通电话，害得她直问我电话里砰砰的声音是什么？你说我好不好的没事儿闲着念这么个破工商管理博士干什么？谁要是请我讲讲这段血泪史，不用倪萍朱军我也可以声泪俱下。

可是王雷的故事里找不到一丝悲情英雄的感觉，我想感动一下自己都不成。但仔细想想努力不是用来感动自己的，是用来实现目标的。

没错儿，我的博士论文害得我没有一个节假日过得痛快，可这并不代表我每个周末都在做论文。大多数情况下，我只是在被想做又没做的拖延症折磨着而已。就算是真的艰苦也没有什么值得显摆的，有时候我们的艰苦都是自己创造出来为了感动自己的。我不需要非在除夕晚上跟教授讨论啊，其他 364 天我干什么去了呢？说好的每天写 200 字呢？

可什么样的目标才是好目标呢？为什么我们会半途而废？像我这样严重拖延症患者如何自我激励呢？

王雷的故事神奇但不狗血，她让我对这几个问题有了新的思考。

高琳：无论是跑马拉松还是登山，你说你从来都不是体力最好、技巧最高、经验最久的那个，但你却是最后完成的那个。为什么？

王雷：在珠峰的时候，有时侯记者会采访领队："你能不能判断一下你队里谁最后能登顶？"有经验的领队总是会说："完全没可能，你没法儿从他们的样子、身体素质甚至他们现在的状态来判断。这些都不是最重要的因素。"

我演讲的时候，也有很多听众会问我："身体素质要多强才能登山？"

其实登珠峰的时候我们队里有25个人，最后9个中途放弃了。这些放弃的人水平都高于平均有些甚至是专业级的，但他们放弃了，不是因为身体素质，而是因为心理素质。总结起来就两条：

1. 你的目标是如何制定的？

2. 你允许自己偷多少懒？

有些人把登顶当作唯一目标，如果那天天气不是太好或是有其他什么状况，自己感觉没有100%胜算的机会就放弃了。因为如果把不能登顶看作是一个失败，那为什么还要继续努力呢？

但是，如果你的目标不是登顶，而仅仅是“我就是想看看自己能走多远？”，当你的目标超越了登顶，甚至不关心我是否能登顶，我只是想知道“我是谁？”“我到底有多少料？”，我反而没有包袱了。在这种情况下，没有任何理由让我放弃。也许我不是那么强壮，爬不了那么快，也没有足够经验，但这些都不是放弃的理由啊？ 只要你不放弃，你自己都会惊讶于自己的潜能。

在公司里我们常常订所谓的SMART目标，比如销售目标创多少亿美元，或增加客户数量达到多少个。这种目标的问题在于一旦我达到这个数字，我就完事儿了，不需要再往前走了。因此一个具体的目标，可能在短期内很有效，但从长远来看，如果你能把眼光放在登顶之外，你反而有可能走得更远。

高琳：可见我们常说的SMART目标并不是真的聪明啊？短期内有效，但长远来看反而有可能错过更多机会。

王雷：没错，SMART目标可以是帮助你达到终极目标的一个过渡计划，那个终极目标有可能在目前甚至不能很smart地去定义它。

高琳：你之前说了一个很重要的“只要”，只要自己不放弃。难道你就从来没有想放弃的时候吗？

王雷：因为我的目标有点儿模糊，不是说我非要达到什么，而是走到哪儿算哪儿，我觉得我没有理由退啊？我就一步一步地往下走下去。很多时候，我并没有认为真的能够做成，但我也没有退的意思。只要是在安全的、符合常理的范围内，我就继续往前走好了。

高琳：你好几次提到“没有理由让你放弃”，但是天气、生病、累了、冷了，这些不都是放弃的理由吗？我很好奇，为什么你就觉得这些理由都不是理由呢？

王雷：登珠峰前，我就已经决定了在什么情况下我会下撤。我不会盲目地强求自己，用生命为代价去登顶，我给自己定了四个条件，在这几种情况下我就下撤：

1. 我真的病了，医生告诉我应该下去否则太危险。

2. 我受伤了，摔断了、胳膊腿，在自己可控范围内，单纯为了登山而失去胳膊腿儿是没意义的事儿。我随时可以回来再试啊。

3. 如果有经验的人告诉我说不应该在这样的天气登顶。

4. 我的领队告诉我需要下撤。

除了上面几条理由，其他什么我头痛、我咳嗽、我累了、我饿了、我没睡好觉，这些都不是放弃的理由。理由需要更客观，而不是你觉得怎么样……

高琳：人总能找到各种各样的借口，但是下撤的理由是事先想好的，而放弃的借口都是临时想起来的。下撤是一个策略性的决定，而放弃则是一个态度上的决定。

王雷：对，下撤其实是个非常重要的技术。登山的有句行话说："有老的登山者，有猛的登山者，但从来都没有又老又猛的登山者。"

你必须要很理智地决定，下撤得太早的话，那你哪座山也爬不下来，但如果什么情况都坚持不下撤的话，你很有可能就成为一个统计数字把自己留在山上了。所以说这是一个很重要的平衡，你一定要有自己的判断，你要知道自己的底线是什么。面对自己的身体状态，你是处于危险还是在给自己找借口？最重要的是你要知道谁的话你可以信？

高琳："7+2"的这段经历给你的工作和人生带来什么样的影响和深远的启示呢？

王雷：我想我的人生在 2004 年决定做"7+2"之前算是 1.0 版本，从登山开始是我的 2.0 版本，登山以后是我的 3.0 版本。

在 2.0 的过程中我认识到了自己，认识到很多自己以前没有认识到的地方，比如，我是谁、什么样的方法对我是有效的、什么样的事情是值得我去做的。我自己也开始在琢磨，为什么我能够完成"7+2"？我想主要在于我找到了自己内在动机（intrinsic motivation）。

你的内在动力在哪里？你真心想要做的是什么？什么事儿是你早上一爬起来就想做的？我要能回答自己"why"，为什么我要做这件事情，而不是因为我周围的人告诉我，你应该这样做，这是好机会，很赚钱。对我来说，这些都不是好理由。

我刚刚完成 7+2 的时候回国，遇到了很多人，跟我眉飞色舞地谈各种各样的商机，每天都有人打电话给我："嗨王雷，我有一个特棒的创业点子！"一开始的时候我真的很被这些吸引，我奔波于各种会议之间，追逐于各种机会。但不知道为什么我就是没法投入，尽管我知道会赚很多钱。

然后大家又都跟我说我得写本书，我也觉得有道理。于是我做了一个计划，每天写一小时，但两年下来，我只写了一章。我先用英文写了个开头，不喜欢，又试了试中文还是不喜欢，然后就扔那儿了。

高琳：（心想，挺像我那一天 200 字的论文啊？）

王雷：我那些创业的点子最后也没有一个做出规模的。为什么呢？我仔细想想因为这一切都是别人把我拉进去的，这几乎又像当初父母和老师让我在诸多选项中间选一个。我终于明白我这完全是在浪费时间，我并没有真正做我内心召唤我做的事儿。为什么我能爬上珠峰，能完成“7+2”，却没办法把一本书写出来？因为我的动机错了。

每个人都告诉我“7+2”的故事是个超级棒的故事，可我写着写着总觉得这不就是我那点儿破事儿吗，有什么好说的？直到我和一个领导力教练提起，他问我你有没有想过你这本书是写给谁的？你试图传递什么信息？我这才意识到我根本不欠自己这本书，我欠所有那些曾经帮助我的人这本书。即使有一个人看了这本书并从中学到点儿东西就已经值得了。这才是我的内在动机。

那本书之前写了两年都没写完，当我找到自己的内在动机以后，我把自己关在一个小黑屋里，足不出户，连饭都懒得吃，一个月的时间就写完了。所以说找到自己的动力才是根本。

高琳：你人生的下一步是什么计划？像你这样的好学生我很难想象你没有计划。

王雷：我也不知道我人生最后版本到多少号。未来真的是不可知的，我没想过自己会登山，更没想过自己能走完“7+2”这条路。我只知道我要做自己真心想要做的事情。至于能走到哪里，这是我无法预知的。

就目前来讲，我想只要做一个能给别人带来积极正面影响、自己也真心想做的事儿就行。之前我一边上班一边做励志演说，后来我发现我这个人如果三心二意，最后什么也做不好，就下决心认认真真干一件事情，所以现在我全职做职业演说家。但是对于我来说演讲真的比登山还难。

高琳：啊？我宁愿做 8000 个演讲也不要去登 8000 米的珠峰。

王雷：我也不会推荐大家都去登山、跑马拉松。每个人都有他/她自己的梦想。回头想想，你结婚之前，你有这份工作之前，你小的时候，有什么事情是你想过，但认为不可能实现的。也许你可能永远也达不到那么远的目标，但如果你开始迈出第一步，走哪儿算哪儿的话，至少可以更接近吧？

采访感悟：

一开始听王雷说她没想过自己能完成“7+2”，我心想这不太可能吧，如果没想过能完成为什么还要开始呢？要知道登山是很花钱的一件事儿，她登珠峰从训练到设备的钱都是她自己四处筹款筹来的，就更别提时间和机会成本了。没有胜算的可能她为什么还会做呢？

现在我明白了，追求梦想是不计较得失的，因为追求的本身就富有意义。

可为什么很多人都有梦想，但大多数梦想都停留在空想的状态而没有行动呢？

为什么即使迈出了第一步，有了行动，很多时候却又无法坚持呢？

都说世上最长的距离是梦想与成功之间的距离，而这个距离是由行动和坚持组成的。但我觉得：没有行动和不能坚持也许不光在于有无意志力，关键在于这是不是真正值得自己去努力的事情。

真正值得自己去努力的事儿可能不会让自己那么拧巴，也不需要把自己逼得头悬梁锥刺股。即使艰苦也不会拿来惨兮兮地显摆，但凡做给别人看的事儿都不自己真正想做的。如果把努力用来感动自己，很有可能你努力的动机有问题。

听别人励志的故事从来都不励志的原因是别人家孩子努力追求的是别人家的梦想。也许你努力来努力去，只是为了实现爸妈的梦想或者别人家孩子的梦想，而不是为了实现自己的梦想。

所以世上最长的距离莫过于自己面对自己真心的距离。你的梦想到底是什么？

走自己的路，不要复制别人的梦想。

二、当你一心想赢的时候就已经输了

未来属于那些想要去赢，但同时又不会失去自己真诚价值观的领导者。——杰夫·伊梅尔特（通用电气 CEO）

The future belongs to leaders who want to win, without ever losing track of their own values. – Jeff Immelt

在芝加哥工作的时候，有一次我和老板去德州的达拉斯出差。晚饭后闲暇无事，我们几个同事一起去酒吧打发时间。酒吧里有一个迷你桌，上面有一个沙壶球，从桌子的一头用手一推，要让沙壶球沿着轨道到达另一头。推的力气要恰到好处：用力不够，球到不了终点线；用力过猛，球又会冲出轨道。像我这样的连酒都不喝，就更没玩儿过这玩意儿了，可这毫不妨碍我争强好胜的心。轮到我了，我轻轻一推，只见小球轻盈地沿着轨道滑出去，优雅地扭搭着朝终点线滑去。正当我要宣布胜利时，却发现离终点还有两三厘米，小球却慢慢失去了惯性，眼瞅着就要停下了。说时迟那时快，我一个健步迈过去，开始对着小球狂吹，指望能吹动这个懒家伙再往前蹭几下。

球没被我吹动多少，还是在离终点线一厘米的地方停下来了，轨道上的沙子却被我吹得满天飞舞。在终点线观望的老板，被这一幕惊得目瞪口呆，一边用手捂着啤酒杯生怕沙子飞进去，一边错愕地摇着头自言自语道："I always knew you're competitive. I just didn't know you are THAT competitive."（我一直都知道你很争强好胜，我只是不知道居然到如此程度！）

一时间，我也没搞明白这是夸我呢，还是骂我呢，我只觉得有股无名火突然想对他咆哮："争强好胜？你以为是一阵风把我从中国吹到美国的吗？我从重点小学到重点中学，一条血路杀出来，才能踏上高考的独木桥，你听说过人大附中吗？你知道什么叫高考吗？分分钟秒杀你们的SAT。我一路过关斩将，把托福、GRE、GMAT，所有你们美国考试中心发明的能考的试都考了个溜够，才申请到奖学金来美国名校读的MBA，我不争强好胜，今天能站在这儿跟你喝这么难喝的啤酒吗？"

当然了，我也就是在心里狂喊了一下而已。

不服输、争强好胜几乎是所有成功者的共性。著名的美式足球教练文思·伦巴蒂有一句经典名言被无数成功者重复着："赢不是所有，而是唯一。"我一直认为自己有今天的成就源于我的争强好胜。那时候的我也一直认为在物竞天择、优胜劣汰的职场中，适者生存是铁血定律，此消彼长更是不可避免的现象。所以我要比我的美国同事更努力才行，项目上我总是抢最大、最难、最出彩的，开会时我经常不等别人说完就抢话，处处彰显我比美国人聪明。我必须承认我很爱赢，我身体里每个细胞都想赢，我的DNA里都写着赢！

后来，这个老板给我推荐了一本书叫"What got you here, won't get

you there"《没有屡试不爽的方法：成功人士如何获得更大的成功》。这本书由全球最优秀的领导力教练之一、《福布斯》"五位最受尊重的执行教练"之一马歇尔·戈德史密斯所著。在书中，他列举了成功人士的21宗"罪"，妨碍了他们进一步获得更大的成功。这其中第一条就豁然写着"Winning too much"（太爱赢）！

这本书最戳中我的观点是：成功者太迷信于自己某种行为和信念，他们总是认为自己成功是因为自己怎样怎样（You are successful because of），但事实上很有可能是你成功尽管你怎样怎样（You are successful despite of）。一个"因为"和一个"尽管"中间是质的区别。

就我而言，我成功也许并不一定是因为我争强好胜，很有可能我成功尽管我争强好胜。老实讲，在此之前，我从来没有这么想过这个问题，猛地这么一说，我也转不过这个弯来，很想梗着脖子跟他争，证明他是错的！然而我意识到，这就是症结所在啊！我就是那种时时刻刻想证明自己是对的人啊！我太爱赢了！

太爱赢为什么不一定是优点呢？我自己后来认证了马歇尔·戈德史密斯领导力教练，反观自己和我的一些教练客户，我总结出以下三点"太爱赢"带来的问题：

1. 总想证明自己是对的

太爱赢的一个表现就是：总想证明自己是对的。当你初入职场或者还在一个组织的底层时，你势必要靠不断做对的事情来赢得订单，赢得老板信任，然后由此层层向上爬。但是，当你逐渐爬到顶层时，如果还不断地靠赢来证明自己是对的，就有问题了。

第一，当你总想证明你是对的的时候，你会陷入"选择性关注"的误区。你会选择性地关注那些能证实自己想法的信息，从而错失很多其他的信息。如果你没有抱有“我一定是对”的念头，以一种开放的心态来看待问题，你更有可能在探索答案的过程中不断寻求最佳方案。如果你什么都是对的，那还用得着继续探索吗？

第二，一个好的领导永远都会招一些比自己更聪明更能干的团队，并给他们创造足够的空间去赢。作为一个领导，你只需要鼓励他们，支持他们，看着他们赢就行了。这才能保证你赢的持久。乔布斯就深谙这个道理，他说：“请一个聪明的员工不是为了告诉他干什么，而是让他告诉我们该干什么！”可如果你总是对的，谁还敢告诉你该干什么呢？

因此一个永远都想证明自己是对的的老板，只会吸引一堆阿谀奉承的无能下属。

我在摩托罗拉的时候，曾经有一个下属特别能干。有一次，在一个新系统上线前，我带着团队加班加点测试，却选错了测试方案。可我非但没有承认自己错了，反而习惯性地为自己的错误找借口。我的那个下属听了以后幽幽地来了一句：“错就错了呗，干嘛还找借口？”我当时就愣在那儿了，没想到一个下属可以这么直截了当地当众揭穿我的把戏，让我如此尴尬难堪，于是赶紧道歉。这个下属后来成为我最得力的干将。每个领导都需要有这样直言不讳的下属及时给你提出反馈。

在这一点，必须指出，女性领导比男性领导更具优势，因为相对而言，女性领导更能够接受他人的反馈，也更积极主动地改变自己。

2. 为了赢不惜一切代价，不惜伤害到关系

当你一心想赢，甚至不惜一切代价的时候，很有可能你会为此付出更大的代价。尤其是在人和人之间的关系中，太爱赢是最伤关系的。所以说，在人际关系中“想赢是输的策略”。

马歇尔教练在他的书里面举了一个经典的例子，说的是老公回到家，

老婆跟他抱怨说："哎，我今天特倒霉，干什么都不顺！"这老公就属于特别爱赢的，他的第一反应就是："你倒霉？我比你还更倒霉！今天我又挨老板呲了！"

爱赢到这个份上，连谁比谁更倒霉都要拼上一把，也是醉了。这样的例子看似不可思议，可在现实生活中和职场中天天发生。无论是夫妻之间还是同事之间，经常会为一些不值得的小事争胜负，甚至以不惜伤害到彼此关系为代价。

职场上真正的大赢家是那些能找出利于"大家"的人，而当你一心想赢的时候，你会被赢心一叶障目，看不到更大的格局、更好的解决方法，最后反而输了。

小测试：

怎么才知道自己是不是太爱赢的人？

1. 你和你爱人出门，她说要走三环，你说还是走四环，最后你听她的走了三环，结果堵的一塌糊涂。这种情况下，你会？

   A）埋怨她，说早就告诉要走四环！

   B）什么都不说。

2. 听别人说话的时候，你会？

   A）一直在想你下一句要说什么。

   B）全身心地倾听和感受对方。

3. 你和你的同事因为一件事情意见相左，事后证明他的意见是对，你会？

   A）这事儿过去就过去了，没必要再回头。

   B）向他表示感谢和赞同。

如果你上面问题的答案都是A的话，那你很有可能属于很爱赢的人。对于你来讲，多关注自己的情绪，当觉察到要赢的心像烈火一样熊熊燃起之时，可以问自己：

1. 此时此刻“赢”对于我来讲，为什么这么重要？
2. 除了“赢”，还有什么其他的选择？
3. “赢”对你周边的人产生什么影响？

3. 不敢于尝试新的领域

从小我那清华毕业的老爸就常常跟我说：“凡事要么不做，要做就要做第一！”

他热爱学习，认真刻苦，20世纪80年代初他就开始跟着电视里“Follow Me”学英语，可就是这么一个要做就要做第一的老爸到现在英语水平也仅仅停留在“Welcome to Beijing”的水平。不是因为他不努力，而是因为他一直抱着要么不做、要做就要最好的心，说白了不就是憋着想赢个大的吗？以前我在美国的时候，他曾经在我那儿住过几个月。我跟他说外面满大街不都是美国人吗？你倒是找人家练英语啊？可他总是说，等我学好了再出去跟人家练。

所以，太想赢的人，反而很有可能不敢于尝试新的领域，因为他们到了新的领域就很有可能不是第一了。爱拼才会赢没有错，爱赢也不是错，但为了赢而赢，不惜一切代价的赢就错了。

尽管文思·伦巴蒂说过“赢不是所有，而是唯一”那句名言，但不为人知的是在他生命即将走到尽头之前，提起他说过的那句名言时，他说到：“我宁可我从未说过那句话……我其实指的是努力，是为目标而努力。我绝没有让人们不惜一切代价包括价值和道德标准去赢的意思。”

教练 Q&A：

Q1：就算不总是想赢，也不能经常当软柿子被人捏啊，怎么确定这个仗该不该打呢？

A. 如果我们把赢当作一种策略，而不是一种姿态，可能更好帮助自己判断到底什么时候该坚持，什么时候该让步。至于值不值得争取赢，需要综合考虑你胜算的概率和事情造成的影响力有多大？美国西北大学商学院客座教授苏珊·菲娜特（Susan Finerty）在她的书里《赢在矩阵式组织》中提供了以下这个模型，可以用来帮助你判断“这个仗到底该不该打，什么时候打”。一个太爱赢的领导者很有可能事事据理力争，而一个聪明的领导者则会更有选择性（pick the battle to fight），不把自己的精力浪费在不值得打的仗上。

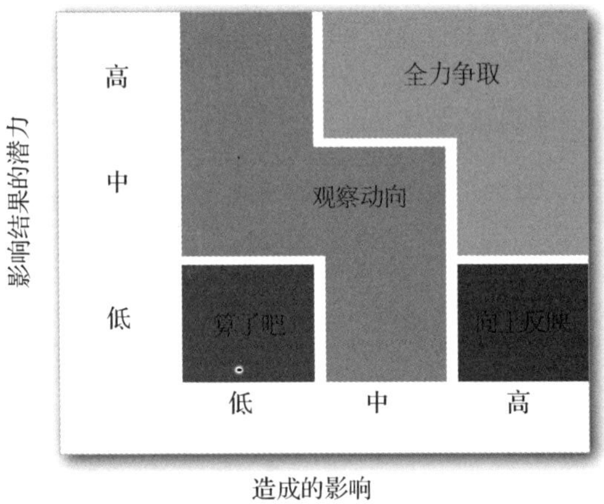

Q2：无论是商业谈判还是和同事之间的沟通，都是有赢有输的，双赢固然好，可如果做不到怎么办？

A. 关于双赢，我曾经问过一个英国的谈判大师，这位剑桥哈佛双料毕业的老先生曾任一家建筑咨询公司的亚太区董事长，并参与过香港回归的谈判。我问他大家都知道双赢是最好的选择，但当做不到双赢的时候，什么是第二好的选择呢？

他的建议让我很惊讶，居然是“双输”（Lose/Lose）。他的解释是，当双方都让一点儿的时候，表面上看起来都吃亏了，但比起一方大赢、一方大输，这种双方各自让步的情况更利于保持长期稳定的合作关系。为什么呢？

因为和别人保持一个良好关系的重要因素就是要让他人自我感觉良好。所以，在人际交往甚至商务谈判中，如何在让他人自我感觉良好的前提下求同存异并寻求解决方案是关键。这就意味着不让意见分歧破坏人际关系，无论结果是什么都能做到对事不对人。理解他人情感需求的能力是情商中很重要的一部分。我们经常在不经意间得罪一个人自己还都不知道，就是因为我们没有理解别人的情感需求。在和同事或合作伙伴的沟通中，如果你看到对方固执甚至变得敌意，很有可能是你的言行将对方的自尊心处于危险之中，你看到的是他出于自卫的反应。理解自己的情感需求也同样重要。如果你看到自己的固执己见，看到自己想要赢的心像烈火一样燃烧起来了，那就该问问自己为什么这样，找到背后的原因，然后给自己灭灭火。

三、为什么成功人士多是拖延症患者

本文由我在 TEDx ISB 的英文演讲翻译改编而成。TEDx 邀请一些有意思、有想法的人来做 18 分钟以内的演讲，旨在传播有价值的观点来改变生活态度，进而改变世界。此演讲的视频在腾讯视频的播放量高居 TEDx 演讲的前几名，也是第一位中国人的英文 TEDx 演讲获得如此的关注度。

1. 为什么研究拖延症?

几年前，当我开始在英国读一个在职博士时，我的父母激动不已。尽管不过是个工商管理博士，又不是那种救死扶伤的医生，但这仍然让他们感到很骄傲。哎，中国父母不就这样吗!

但随着时间的推移，我变成一个提交论文的严重拖延症患者，他们开始不对我抱有希望了。我妈甚至说:“我们岁数大了，也许活不到你的毕业典礼了!”哎，中国父母总是说一些让我们内疚的话，希望我们因此获得努力的动力。

上个月，我终于成功地完成了论文答辩，并在整整 7 年之后成了一个博士! 我兴奋地打电话给我妈! 你猜她说什么? “抗日战争才 8 年!”哎，中国父母，想让他们满意实在不容易!

但这却让我对拖延症这个的话题产生了浓厚的兴趣，为什么我们会有拖延症? 更重要的是，我们如何能够克服它?

在探讨这个问题之前我们需要先统一一下定义。拖延症是经常性地延迟一些重要任务的开始或完成。是那种知道自己该干什么，也想做但就是一直拖着不做的纠结。如果你有意识地选择将这件事情延后，且不带有任何内疚或焦虑，那不算拖延症。

2. 为什么会拖延?

既然拖延症导致我们这么内疚焦虑，如果它让我们生不如死，为什么我们就不抓紧把这件事儿做了，而是一拖再拖呢？我最初的研究指出了种种原因：从时间管理到缺乏自律，从完美主义到害怕失败，甚至还有就是懒！看到这个长长的单子，所有这些原因都有道理，我也相当认同。但这还是不能完全解释为什么我一拖再拖。不是我吹牛，我的职业生涯能走到今天，你能说我懒惰，说我不会时间管理吗？

最令我匪夷所思的是，我认识的很多拖延者患者都是非常成功的人，其中一位是美国前国务卿赖斯博士。大家对她的政治生涯很了解，但鲜为人知的是，她毕业于斯坦福大学（目前也在那儿教书），而且是一位专业的钢琴家。

有一次我从她的传记读到她不但上学的时候爱拖延，即使到现在她也深受拖延症折磨的时候，我无比震惊！很巧的是，在读这个之后不久，作为美国商会董事，我正好参加一个和她一起的小型午餐会，席间我很想问她“像你这么成功的一个人怎么会是个拖延症患者呢？”很不幸的是，一直拖到最后，我也没来得及问她。但由此我想到，如果我们知道为什么成功人士也会拖延，那么我们可能就知道如何治愈它了。

3. 为什么成功人士多患有拖延症?

于是我进一步研究并得出以下观点。

成功人士都很忙

成功人士总是忙得四脚朝天。当我在攻读博士学位的同时，我还在摩托罗拉带领一个全球团队，同时还担任美国商会的董事，而且孩子还小。和很多成功人士一样，我的生活就像是在各种平行的轨道上奔跑。

所以他们怎么办呢？他们总是一心多用，同时处理好几件事。和大家通常的认知相反，大量的研究表明，一心多用是生产力的第一杀手。

为什么呢？举个例子，我知道我需要读这些学术文献只是它太枯燥太无聊了，简直就不是人写的！于是我开始转去读一些工作电子邮件，即使它也挺枯燥的，但至少它并不困难啊。这么做的时候，我的脑子告诉我“你看，你一点儿也不懒啊，你多拼啊！”而当我写完邮件，我得到了完成工作带来的自我满足，而这种满足恰恰隐藏了我其实并没有做我最初应该做的——读学术文献。

因此，一心多用为忙碌的成功人士提供了一个合理的借口，逃避那些相对更难的工作。

成功人士总是雄心勃勃

成功人士特别爱设立目标，而且还不是一般的目标，是雄心勃勃的目标，他们总是希望自己能整出个大的来。

当我们刚开始上博士的时候，教授告诉说，你们每天不用多写，就写150个单词，即使一半儿你都不喜欢，最后你不是还剩了75个单词？当时我就想：“什么？75个单词？看我的吧，我一定能盖过这个！只要给我一个星期，让我专心致志地写，我可以拿下1000个单词不成问题！我是谁啊，中国来的学霸啊！”

问题是我从来没能找到可以专心致志的一周啊，哪怕一天都很难！而当7年之后我终于完成了10万单词的论文，我算了一笔账看平均每天写了多少词？40个！是的，只有40个！如果当初我听了教授的建议，一天写150字然后扔一半儿，我只需要4年就能完成我的博士而不是7年！

事实上，当我为自己设立了一个雄心勃勃的目标时，我反而因为它如此让人望而生畏而苦于迈出第一步。研究表明，拖延症的人多半是卡在第一步上，一旦他们迈出了第一步，后面的就容易了。所以，现在你看到了，一心多用和雄心勃勃这两样成功地将成功人士变成了成功的拖延症患者。

可如果是这样，他们这么聪明怎么会意识到却不改呢？这就引出了我的最后一个论点。

成功的人终归能搞定

成功的人通常是有点儿小才华的，因此不管他们怎么拖延，最后总能想方设法把事情搞定。这就是为什么有些人认为没有必要治疗拖延症。不是有一个说法吗？“最后期限才是第一生产力？”有时候我非得要最后一分钟给我带来的压力才有动力啊。我曾经对这点深信不疑，但在拖延了 7 年之后的今天，我已经不再相信这一点了。人生有几个 7 年可以用来拖延？

没错儿，你是可以即兴发挥，特别是如果你非常有才华，你可以即兴发挥到别人都看不出你是拖延到最后一分钟才开始准备的。但是，你心里比任何一个人都清楚，你完全可以做得更好，你并没有付出你全部的聪明才智。而随着时间的推移，这将会吞噬你的潜力，最后焦虑、后悔和羞耻感将你包围。

而人类所有的负面情绪之中，羞耻感是破坏力最大的。羞耻感让我无能为力。

所以，是的，拖延症是病，得治！可是怎么治呢？

4. 如何治愈拖延症？

你有没有收到过这样的建议？Just Do It！（就去做吧！）

但这不是废话是什么呢？如果我可以做，我不早就做了吗？我就是不能啊，所以才变成了等明天再做！作为教练，每当客户来找我的时候，我不会给他们这种无用的建议，这不叫教练，这叫“老妈”。我会使用专业的教练技术帮助他们找到自己的解决方案。

这其中最有用的一个方法是我在埃里克森教练体系中学到的一个概

念，叫“逻辑层次”。什么意思呢？ 就像爱因斯坦说的，在这个层面产生的问题，不能在同一层面上得到解决。当我们试图摆脱一个坏习惯，仅仅在那个层次打转转毫无帮助。问题只能在更高一个层次得到解决。

比如，我妈一直唠叨我，你什么时候才能完成你的论文啊？可如果我知道写什么（What）、怎么写（How），我不早就写完了吗？问题是我不知道啊，所以我一直在一心多用，雄心勃勃却心动多于行动。

直到我扪心自问，我到底为什么人到中年还读这个博士？仅仅就是为了名片后面多俩字“博士”而沾沾自喜、亮瞎他人？当然，在一定程度上，确实是这么回事儿，但这绝不是全部！我想拥有值得传播的观点和见解，我想要成为一个有独立思考能力的人！ 这才是我的“为什么”（Why）和“成为谁”（Who）。

而回答“成为谁”这个问题的很重要一部分就是接受现在的自己。对于我来讲，成长在传统的中国教育体制，英语又不是母语，根本不习惯用“批判性思维”，在英国读这个博士就是我很不擅长的一件事。但我一直不想承认，不想接受“我不行”这个事实。

而当我最终能够回答“Why”和“Who”而且接受“我不行”的时候，我反而平心静气了，其他低层次的问题也相应迎刃而解，我琢磨出来写什么、怎么写并最终回答了我妈的时间问题（When）。上图清晰说明了这种变化的逻辑层次。

5. 如何通过自我教练方式？

现在我想示范一下如何运用逻辑层次这个自我教练工具帮你改掉一个坏习惯或者做出一个改变。

假如 Wilson（一个 11 年级的学生）来问我：“我知道我需要准备 SAT 考试，我也想要做，可我需要做什么才能不拖延呢？”

刚开始他可能会说："哦，去年我听了高琳博士的演讲，她提到了一心多用的坏处，也许我可以尝试更专注一些！"这时，我可能会问他，那你打算如何做出第一步努力呢？因为要记住，对于拖延者，这第一步通常是非常困难的。

习惯的改变需要我们重新改写我们的"内在故事"。也许 Wilson 只需要停止运行他的英雄故事，去他的"力争上游"。也许他只需要瞄准一个小的、可控的目标，稳步前进，按照自己的节奏去努力就行了。

但即使这样也不代表他就一帆风顺了。接下来，他很可能还是会卡在那儿。这时候他需要停下来深呼吸，问问他自己：我到底为什么要考 SAT？为什么上大学这么重要？难道仅仅是因为我妈说上大学很重要吗？他需要不断地问自己为什么，直到找到对自己来讲最重要的价值观。

如果在"为什么"这个层次他得不到真正的答案，那说明动力还是不足。这时候，他就需要再往上走一个台阶问自己接下来的问题——你到底想要"成为谁"。

所以现在大家看到了，拖延症的终极解药是回答自己"为什么"和"成为谁"的问题。

对我来说，我的梦想之一就是能有自己独立的思考并传播那些值得传播的观点，这就是为什么我人到中年还选择了攻读博士学位。

你呢？你想要成为谁？你的梦想又是什么？

作为父母，我知道我们总是忍不住想要给我们的孩子“做什么”和“怎么做”以及“赶快做吧”的建议。但还是把那些留给孩子们自己去思考，留给学校吧！请记住，作为家长我们的首要任务是帮助我们的孩子找到了他们人生中的“为什么”（Why），并支持他们成为他想要成为的“谁”（Who）。

因为最终，我们还是要靠他们把世界变得更美好！

四、从成就这美妙陷阱爬出来——成长路上的How，Why，Who

成就总是美妙的，但你得知道为何这样做。如果不知道，它就会变成可怕的陷阱。– 娜塔莉 · 波特曼（美国演员）

Achievement can be wonderful when you know why you're doing it. When you don't know, it can be a terrible trap. – Natalie Portman

有一次受国内的一家商学院邀请去做个演讲，受宠若惊之余我仔细想了想要讲什么话题才能自己既有感觉又对得起台下两百多位 EMBA 同学。想来想去，我说要不然就讲讲为什么在职场上做自己很重要。商学院的负责人听完了弱弱地问了一句：“会不会你讲完了，大家都跑去追求自己的梦想了，不想上这个学了？”

呃，这个嘛……学习教练的时候，我最担心的一件事就是客户把一个高潜力的高管交给我，经我教练一番人家发现这份工作并不是自己真心想要的，结果人家跑了。毕竟这也不是没有先例，我就成功地把自己从一份看上去那么好的工作教跑了。所以这个担心并不是多余的。

同学们来念商学院就是来追求成功的，而我却跑来说，你猜怎么着？成功这玩意儿不值得追求，成长才是最重要的！人家不往我脸上扔鞋才怪呢！估计边扔嘴里还得边骂“你这得了便宜就卖乖的老家伙！”

无独有偶，美国著名影星娜塔莉·波特曼 2015 年在哈佛毕业典礼上提到当她看到四岁的儿子无比专注地玩投靶子的街边游戏时，作为一名犹太裔老妈，她很想鼓励儿子享受游戏的快乐和挑战，以及不断练习带来的进步和满足感，甚至还有完成游戏目标时的成就感。但她最终无奈地发现儿子的努力和专注仅仅是为了一个非常简单的目的：得到一个一毛钱的塑料小玩具。

听起来可笑，但成人世界里，让我们为之努力的各种奖项——威望、财富、名声、权势，不也就是些廉价的塑料小玩具而已吗？

娜塔莉很坦诚地点出每次毕业演讲最烦人的事儿，就是那些成功人士跑来告诉你：“成功带来的结果并非那么值得信任。”确实是挺烦人的，你要是没有揽那么多塑料小玩具，你说的话没有任何可信度，人家甚至都不会找上你。而你坐拥金钱、权利，衣食无忧以后又跑来说这些都不值得信任。还有比这更矛盾、更让人搓火的吗？

虽然比不上娜塔莉·波特曼的小金人，但我收获的塑料小玩具也不算太粗制滥造。最起码会有人来找我给人家开学做个演讲，然而我想讲的居然也这么鸡汤、这么矛盾。如果成功的结果如此不值得信任，那成功到底值不值得追求？

娜塔莉·波特曼说她认为这种矛盾可以被弥补而且是有教导意义的，但她并没有正面解释如何弥合这种矛盾，她只是说：“成就总是美妙的，但你得知道为何这样做。如果不知道，它就会变成可怕的陷阱。”

尽管无论颜值还是 IQ 都没法跟人家娜塔莉·波特曼比，但连我这种没有什么大成就的、陷阱也并不太深的都深深陶醉于成就带给我的“塑料小玩具”——金钱、头衔、圈子、别人的认可、父母的骄傲，更何况那些真正的成功人士。明明知道自己在陷阱里，明明知道如果从陷阱里爬出来，前面的路可能更精彩，可是深陷成就陷阱的人还是很难自拔。

当优秀成为惯性，人不但丧失了爬出陷阱的动力，也失去了往外爬的勇气。

这个矛盾也确实曾经带给我很多困惑。但不管怎么样，我也算是刚从上一个陷阱爬出来的人，虽说身上的土还没掸干净，前面的路也还没看清楚，但我还是想从教练的角度分享一下从陷阱里爬出来后带给我的思考，也许这就是娜塔莉·波特曼说的矛盾带给我们的教导意义。

1. 成功的路上多问几个“Why”

成就带来的陷阱可以是很美妙的，以至于很多时候我们并没有意识到自己在陷阱里。如果我们不倾听自己，可能一辈子也意识不到。就像俞敏洪说的，有的人一辈子都活不到点儿上。那个“点儿”就是娜塔莉·波特曼说的“为什么”。

可惜的是，我们一旦执着于成功，就会一直追寻 when, what, where, how，比如什么时候（when）去哪个公司（where），能得到什么样（what）的职位，怎么才能更成功（how），却很少去关心那个“为什么”（why）。而成就一旦失去意义就会变成陷阱。

但意义是因人而异的，有的工作很无聊，但为了养家糊口你就得做，对你来讲那就是意义。有的工作很辛苦但能学习新技能，对你来讲那就是意义。有的工作不挣钱但你就是喜欢，对你来讲那就是意义。

所以说成功不可复制，方法（how）可以借鉴，但是“Why”无需模仿，因为意义对别人不具任何参考价值。

意义也是动态的。同一份工作，在不同时期，意义也不同。我曾经早上爬起来就恨不得马上去上班，但是后来就得把自己从被窝里拖出来才行，那时候的工作对于我来说，就逐渐失去了意义。

“不忘初心”不是仅仅属于那些创业的人，每一个在职场路上的人，从出发那一刻都有着一份初心。只是当我们忙着复制别人的成功、临摹别人的人生时，会不小心把别人的初心当成自己的了。

所以在通往成功的路上，要时不常地多问自己几个“why”，才能保证不会跑偏或是陷入成就的陷阱。

2. 不要被陷阱里的小玩具定义了你的“Who”

成功的标志不光是财富、权利、地位还有圈子。很多人靠着一颗大树就以为自己是树了。尤其是做我们政府事务这一行的，整天混迹于一个非富即贵的圈子，很容易就把自己和自己的圈子搞混，以为自己也很牛。

其实职场也好，人生也好，最终不过是一场游乐园里的游戏。尽管如此玩儿的时候还是要投入而尽兴，努力把工作做到最好，把人生过得恣意。但不管你玩儿的是互联网还是开餐馆，不管你是高管还是菜鸟，那不过就是游乐园里不同的游戏和游戏过关的程度而已。有的人从一进游乐园的门就认定要玩儿过山车，有的人则玩儿玩儿这、试试那，最终选定一样，这都没有什么对错可言。

只是你选择了什么游戏，就决定了你的生活方式，也决定你会得到什么样的奖品。而当你一旦被权利、金钱、地位、圈子这些成功陷阱里的小玩具定义了自己，离开这个陷阱就代表否定自己，怎么还能有勇气爬出来呢？所以我们才需要不停地提高自己的觉知，时刻提醒自己：所有这些都不过是塑料小玩具而已，离开了它们，我们还是我们自己；那个“who”——想要成为谁，才是我们终其一生要探索的。

3. 找寻梦想需要时间

生活中，我们总是会看到有些人完全不需要拼，但却比谁都拼，这其中很多人的努力并不是为了追求威望、财富、名声、权势等奖项，而是为了一个叫梦想的东西。这些人，比如娜塔莉·波特曼，非常清楚自己的梦想到底是什么、怎样实现。对于他们来讲，塑料小玩具只不过是成功的副产品，哈佛学历和小金人也不过是过往经历的象征。

可对于大多数人来讲，比如我，一开始并不太清楚自己的梦想到底是什么、怎么去实现。但即使这样我也不觉得有什么可耻的，最起码我做了排除法，知道什么不是我的梦想也算是前进了一步。而且就连娜塔莉·波特曼也是花了许多时间才确定演电影是她的真爱。对于我们这些拥有普通智商、普通颜值的普通人多花点儿时间寻找自己的“why”也是很普通的事儿。毕竟如果你还在为五斗米折腰的时候，很难思考成功的意义。所以说梦想不是名词而是动词，它其实就是一个在成长的路上不断修正自己的过程。要保持不断修正就要保持自我觉察，否则你就被塑料小玩具定义了，揽了一堆小玩具，还没完没了地玩儿当下的那个游戏，忘记了初心。

总结

虽说职场就是一场游戏，成功的结果也许仅仅是一堆塑料小玩具，但成功的过程还是相当值得追求的。所以尽情而投入地玩儿吧！这也是为什么这本书坚持分享游戏过关秘笈的干货，也祝福各位早日收获属于自己的塑料小玩具！

但在享受游戏的快乐和挑战，以及完成游戏目标的成就感的同时，请时刻保持对自己的觉察。千万不要被塑料小玩具定义了你的人生。问问自己，你来到世间的使命难道就是为了这堆塑料小玩具吗？你生命的“why”

到底是什么？而“who”又是什么？

带着这份觉知，痛快地工作着，恣意地活着。

所谓的以出世之心做入世之事，大概说的就是这个道理。

后记：你不值得谁值得

你如何对待别人是你如何看待自己的投射。——安柏·德克尔（美国作家）

How you treat others is a direct reflection of how you feel about yourself.

–Amber Decker

小的时候我长得又黑又丑，更倒霉的是，我有一个长得又白又漂亮的姐姐。我们俩走在一起就像巧克力香草冰淇淋，没人相信是一个妈生的。

“一白遮百丑”，这句老话最伤人的地方并不在于对长得白的人的赞誉，而在于它一棒子把长得黑的人打入地狱般的绝望。反正就是你再怎么打扮也没戏了。我记得我妈最爱说的一句话就是：“你本来长得就黑，还不好好学习？”而且这个句式的后半部分可以百搭出多种可能性，不管前后有没有逻辑。

我姐比我白、比我漂亮就算了，她还偏偏比我听话、学习比我好。每次我被老师拎去骂的时候，不管犯了什么错上来劈头盖脸就是：“你怎么就不能跟你姐似的？”现在回想起来，那时候我怎么就不知道回一句嘴，我凭什么要像她一样啊？

后来我姐远嫁重洋。记得送她去机场回来的路上，我妈难过地抽抽搭搭地哭。我伸出手拉着她好心安慰说：“妈，别哭了！”她边哭边说：“你姐那么优秀，那么白，那么漂亮，嫁给了他！要是你还差不多！”

我松开了拉着她的手，那一路再也没说一句话。

这就是我，从小到大都觉得自己不够白、不够漂亮，反正不管我怎么努力，我都不够好。我不值得拥有爱情，不值得拥有成功。

有一次，我在北京顺义国际学校主办的 TEDx 活动演讲，头天晚上彩排的时候，我站在舞台上，看着下面，想象着第二天几百个同学和家长要来听我的演讲。我又听到了那个“我不值得”的小声音开始碎碎念：“我是谁啊？我凭什么站在这儿啊？人家国际学校的学生和家长多牛啊！人家英语母语啊，凭什么听我一中国人讲啊？我有什么观点值得人家大晚上跑来听的？”

那个讨人厌的小声音真是我青梅竹马的“好”朋友，它一直伴我成长，而且总是不请自来。即使我已经很成功，即使我已经成了“别人家的孩子”，它还总是像个不速之客在关键时刻跑来跟我念叨：我是多么不值得。

幸好我已经不再是多年前那个黑不溜秋、自怨自艾的受伤小女孩了。我听到了这小声音，然后对它说：“你说完了吗？说完了就走吧，因为现在我要开始彩排了！”

我一直以为就我才有这么个讨人厌的朋友，直到我在公司经常看到开会时前排的座位空空的，无论我怎么说服坐在后面的员工尽量往前坐，总有人回答说：“那是给 VIP 留的。”言下之意：“我不值得。”

再后来，我离开企业做了培训师和高管教练，当我在 500 强企业做关于如何跟国外团队沟通的培训、讨论到他们为什么在开会的时候不敢表达自己的意见时，我听到的答案都是：

我怕我说的话没有价值……

我怕人家觉得你是谁啊……

言下之意，我不值得，我的观点不值得一听。

最让我惊讶的是，这些人并不是职场菜鸟，有些是相当资深的员工，还有些是海归甚至是顶尖投行的精英。闹了半天，大家都有一个爱碎碎念“你是如此不值得”的“好”朋友啊！而当你被这样的信念绑架的时候，再多的干货也帮不了你！

心理学有个“不值得定律”，这个定律再简单不过了，它反映人们的一种心理：一个人如果从事的是一份自认为不值得做的事情，往往会保持半冷半热、敷衍了事的态度；不仅成功率小，就算成功了，往往成就感也不大。

事情如此，对待自己又何尝不是如此？如果我们觉得自己是一个不值得的人，当然会随随便便对待自己的一生，就算是成功了，也还是会有强烈的匮乏感。

哈佛大学曾经做过一个跨越75年的研究项目：从1938年开始，他们跟踪记录了724位男性，从少年到老年，年复一年地询问和记载他们的工作和生活。最后结果表明：决定你幸福的不是金钱、名望和成就感，而是你和他人的关系。

作为一个女性，我不知道这个结果是不是有性别的差异性，我只想大胆地抛出另一个观点：我认为决定一个人幸福的关键要素并不是和别人的关系，而是我们和自己的关系。

一个和自己有着良好的关系的人：
既爱自己，又不会太过纵容自己；
既会自我鼓励，又不会太过自我膨胀；
既会经常自我反思，又不会太过自我否定；
既容许自己伤心难过，又不会天天舔自己的伤口；
既会把工作当回事，又不会太把自己当回事儿；

一个和自己关系良好的人，不可能和别人关系不好啊！因为当你觉得自己很值得的时候，你就不再需要证明给谁看了，你既不需要咄咄逼人，也不需要唯唯诺诺。如杨绛先生说的："世界是自己的，与他人毫无关系。"

我还是会经常听到那个讨厌的小声音，就像那天站在讲台上，但我会带着一份觉知，听到那个声音然后告诉自己："亲爱的，你已经不是那个被老师奚落、被妈妈挤兑的受伤小姑娘了。你长大了！"

你值得拥有爱情和成功；

你值得拥有才华和能力；

你值得站在这个舞台上；

今天这个舞台就是你的，你不值得谁值得？

第二天，当我真的站在讲台上，看着下面几百名同学和家长的时候，我并没有急着开口，而是深呼了一口气，告诉自己：

1. 既然我被邀请就证明我值得站在这个舞台上；
2. 今天我会为大家带来一个值得分享的观点；
3. 我相信这个观点可以帮到别人，因为他们值得被帮助。

我能感受到自己紧张的身体随之放松，然后开口说出了第一句。

那天，作为一个久病成医的严重拖延症患者，我通过剖析自己拖延了7年的博士论文，给大家讲了一个关于如何治愈拖延症的话题。下来以后，很多家长过来握着我的手，感谢我提供的自我教练方法给他们带来的思考和帮助。而作为那次演讲的自愈的效果之一，就是这本书《职得》。尽管和图书公司在一年前就签了约，但我总是无法相信我有什么值得分享的观点，而且似乎也总是找不到动力。那次演讲之后，我也自我教练了一把，我为什么要写这本书呢?

我不欠自己这本书，但我欠所有曾经帮助过我的人一个回报。我在成长路上学到的知识也好、经验也好，不是为了让自己偷着乐的，而是为了帮助那些想要获得自我成长但不是缺少点儿方法就是缺少点儿勇气的人。

我深信每个人都能够用自己的力量为他人带来积极正向的改变，也都有帮助别人的能力，你只需要相信别人和你一样值得拥有爱和幸福就可以了。

本书的全部稿酬也将捐献给 EGRC（Educating Girls of Rural China）公益组织，用于资助甘肃、贵州等偏远地区女学生上学。因为她们值得！只有女人受了教育，社会才会进步。

人生这舞台，我值得，你值得，她值得。

感恩鸣谢

你想要这世界怎么改变，你就自己先变成那个样子。——甘地（印度活动家）

Be the change that you wish to see in the world. – Mahatma Gandi

每个人的自我成长都是一个摸着石头过河的过程。我希望通过分享我的故事和自我教练的过程帮你看到你的石头，并且提供一些干货做个拐棍，最终还要靠你自己的努力去过河。

非常感谢在我过河的过程中所有给予过我帮助的人们。我的导师和伯乐——Mark Duval。我在摩托罗拉的老板：蒋浩先生，高瑞彬先生，Leslie Jones, Ron Roberts, Sonia Sullivan。感恩摩托罗拉这样一家伟大的公司，不但教会我做事，更教会我如何做自己。感谢我的博士生导师 Carole Tansley，在她身上我不仅学会了做学问，更懂得了如何突破自己。感谢张德芬老师将我领进灵修的大门，让我感悟到答案从来都不在外面而在我们自己手中。正是所有这些出现在我生命里的导师，让我学会把目光从 having（拥有）转向到 doing（做事）和 being（做人）。而这也是本书的精髓所在。还要感谢埃里克森教练体系的创始人——玛丽莲 · 阿特金森博士，教我如何带领他人从外向内看，实现自我成长。在各种职场厚黑学充斥的今天，我希望通过探索成长路上的 How,Why,Who，带领大家回归到最核心的问题——我们究竟想要成为一个什么样的人？要为这个世界带来什么样的不同？

感谢我的企业培训的合作伙伴张文先生，我们的学员和教练客户：罗氏制药、通用电气、通用汽车、大众汽车、延峰江森、法国电力、蒂森克虏伯、郎盛化学、瓦克化学、阿斯利康、法兴银行、辉瑞制药、联想等等，就不在此一一列举了。你们的职业精神和好学态度让我钦佩，感谢你们总是抱着开放的心态跟我一起去探索你们成长路上的How,Why,Who。本书的很多案例也来自于和你们的互动。

感谢我的编辑阮芳和王静女士，在我刚刚离开企业迷失于自己的自我认同之时找到我，告诉我有潜力成为一个职场畅销书作家。感谢“有意思教练”（微信 ID ：MessageCoach）和有意思微课的粉丝、听众和每一位读者，你们的鼓励让我知道文字的力量。在这个错综复杂的世界，你们的信任对我来讲尤为珍贵！你们的购买也会改变 EGRC 公益组织支持的西部山区女学生的命运。

感谢 EGRC 的创始人田青青女士，历史带给她的伤痛完全可以让她从此愤世嫉俗，但她却践行了甘地的那句名言——“你想要这世界怎么改变，你就自己先变成那个样子”。她以一己之力支持了六百多名来自甘肃和贵州的女学生，让她们的人生从此不同，因为她相信如果一个女人接受了教育，她的后代一定也会受教育。在她的身上，我看到了人性最闪光最温情的一面，也看到了一个女人最坚强的一面。

说到教育，我不得不感谢我的父母给了我与众不同的肤色，让我从小就知道做自己是多么艰难但又是多么重要，谢谢你们把我塑造成一个独立的人格，让我知道什么是“活到老，学到老”！最后，我必须感谢我的先生，有意思教练 Hubert Lin。他 12 年前放弃在美国的工作和生活，背井离乡跟我回到北京，更是在我的事业上升期心甘情愿做了几年全职爸爸。而我的儿子才是真正的领导力大师，他让我看到自己内心的恐惧和焦虑，真实面对自己，勇于探索我人生的“Why”和“Who”。

高琳

2016 年 8 月 26 于望京 SOHO

高管和人才发展的专业人士怎么说这本书

在职场上，我们几乎每个人都要经历一个由职场菜鸟变成职业老鸟的过程。一般来说，这个过程可以简单描述成为“热情 --> 迷茫 --> 繁荣 --> 稳定 --> 新的开始”。但可能 99% 的职场人士都受困于迷茫期，甚至输在了这个阶段。本书能帮助大家在迷茫期中学会理性思维，让理性思维成为一种下意识行为，形成所谓的肌肉记忆。这样可以让你的职业成长不受行业甚至是专业技能的限制，真正做到无往而不胜。

蒋明琴：

亚马逊财务总监

如果到今天为止，你还没有成功打造你的个人品牌，背后的原因也许是缺乏对这个概念的认知，也许是没有意识到打造的必要性，也许是出于对于自我推销的抵触或者是认识到重要性但无所适从。无论是哪种原因，你都会在这个短小精悍的章节中受到启发。在寻找和展示自己价值的过程中，说不定你会离真正的自我更近一步了呢。

付荣：

罗氏制药商务副总监

没有心动，就没有行动！可惜在习惯了带着面具的职场，大家都不敢于讲故事，以为对着 PPT 念数字、手指着图表才叫正式。其实与其照本宣科、套话连篇，还不如讲一个巧妙真诚的故事，无论是亲身经历还是道听途说，都可以把复杂的信息在听众心里来个本垒打。真心希望高琳能引领职场的故事文化，就算我们不能更成功，职场也定会更有意思！

郭阅：

泰康资管人力资源部负责人、执行总监

王仲琳：
汤森路透中国区人才招聘与发展总监

高琳老师往往能用最简单的话语和最生动的例子，将一些特别容易落入窠臼的概念和道理阐释清楚。她所讲解的职场圈子，既不是鸡汤，也不是伎俩，而是结合了她丰富的职业人脉、观察与经验的道与术，直指人心，充满正能量。

李旭：
辉瑞制药
全球学习与发展团队
区域学习经理

无论你是初入职场的菜鸟，还是混迹江湖多年的老手，这本书都将给你带来职业发展的新动力和好工具！得益于丰富的阅历和学术背景，针对每一个精选的职业发展挑战，作者不光分享了许多鲜活的职场案例，并总结了一系列实用且易掌握的技巧和发展工具，并指出了技巧背后的理论依据。书中的真实案例、实用工具和理论依据，也是我，作为一名在学习与人才发展领域工作 17 年的企业内部顾问选择工具书的标准！

黄莺：
强生中国制药集团（西安扬森）人力资源总监

写给年轻的你这一章最可贵的不是技术层面的职业咨询，而是提供了一套思路和方法，引导一个成年人在向外看之前先向内看：我是谁？我喜欢什么，擅长什么？对我最重要的是什么？在这个一切皆有可能的时代，职业发展的常规模式已经被打破，互联网带来的超出想象的职业空间，定好自我的坐标，才是长远征途的起点。

这本书兼具理论和实践，带来新鲜的视角，引发深入的思考。对于身处校招季的毕业生们，处于职场迷茫期的新生代们还有职业发展道路上奋力攀登的进取者们来讲，是一盏能指导未来职业和人生道路的明灯。

改变，从《职得》开始！

职业品牌是帮助我们明确自己在职场希望成为一个什么样的人，自从在参加工作的第 6 个年头明确了我的职业品牌，它就成了我职业发展路上的一盏明灯，给我以指引。书中提到的建立和推广个人品牌的方式非常实用，大部分我都在实践。

刘胜红：
滴滴学院高级培训经理

初入职场，我很真诚地宣传过“工作与生活的平衡”。然而在自己一头扎进工作，还得腾出手来养两个孩子、操心四个老人的时候，才觉得当年天真。看到这一章，不禁莞尔，“生活可以很拧巴，但我们不一定要过得拧巴”是高琳总结的，亦是我在持续学习的。告别刻意平衡工作与生活，转而尊重并追求自己当下的选择。也许改不了手忙脚乱，但却能教练内心清明安顺。

程颖：
英电资讯人力资源经理

人在职场，每天都有大大小小、正规或非正规形式的各种汇报，不论你喜欢与否，这是个建立个人品牌的重要渠道。本书的走心之处在于其切合实际，能快速帮助我们建立起一个良好的关于汇报的习惯、思维方式、准备方式、汇报方式等等……非常好用。坚持练习，持之以恒，这个习惯会对你的沟通起到意想不到的惊喜效果！

潘璠：
苏威集团亚太区人才管理总监

李龙乔：
变革管理专家

英雄之旅这一篇把我读哭了。我知道高琳一直要成长为自己故事里的英雄，但是我完全没有预料到她故事中的百味杂陈。因为我初遇她时她太欢乐。她在我的课堂里《变革英雄之旅》的故事里演一个变革牺牲者，她甚至找到一团红绒线放在腰间，一边悲催地哭，一边拉着绳头当鲜血往外倒，我笑趴了！关注"有意思教练"公众号以后我充分领略到她的"有意思"。而在这本书里，我才领略到她"教练"的风采。我从中看到她对自己生命的负责，看到她对愿景的描画如此灵动而深邃，看到她生机勃勃的价值观和与这些完全一致的行动，强而有力。所以她的"有意思"，完全不是嬉闹似的插科打诨，而是源于自身愿景中那股活力、那种坦诚、那种"我只说真话，我尊重自己的生命，我也尊重他人的生命"的价值信念和那些源于此的利落的教练方法。这是本书于我最大的价值。

白冬梅：
环球主题公园及度假区信息技术总监

作为一个在外企、民企和合资企业工作过的职业经理人，我一直也在思考到底我的目标是什么，为什么我会在这个行业干得这么久，这么深，难道还有更适合自己的方向吗？可能是对于刚进入职场、需要职业选择的年轻人而言，这个话题就更难以回答，只是谈为国争光确实有点空洞，但如果可以尽早思考人生价值并愉悦地进行探索，应该是一大幸事，希望年轻人可以通过本书得到一些启发。